鬍鬚張大學

張永昌賣魯肉飯賣到全世界都知道

吳錦珠 著

目次 contents

緒言

第一章 鬍鬚張的堅持

第二章 老品牌新生命

第三章　無微不至的服務

第四章　員工優先

【推薦序】

期許成爲從台灣出發的另一個「麥當勞」

司徒達賢

服務業是未來將要高速成長的產業，而在台灣，本土特色的餐飲業，又是其中最具有潛在國際競爭力的產業之一。

餐飲業的進入障礙不高，維持存活也不難，然而若要走向大規模、連鎖化與國際化，就必須經過重重的關卡與考驗。在這一連串的「通關」過程中，成功通過的關卡愈多，就離成功愈近；某些關卡不能順利通過，企業的成長與經營境界，就會停留在那一個階段。

第一關當然是口味。消費者喜歡吃，是餐飲業存活的首要條件。其次是衛生，衛生出了問題，或未在制度上以及全員心態上重視衛生，也無法長期受到肯定。

接下來是舒適的用餐環境，以及同仁出自內心的服務態度與技巧。能切

實做到這些，已經具有現代化服務業的基本功力。台灣有許多受到大家肯定的餐廳，已經順利通過以上這些關卡的考驗，也因而使「台灣美食」讓廣大的觀光客留下極爲深刻的印象。

下一關是產品的持續創新。三、五十年的老主顧，長期鍾情於三、五十年不變的老菜單，固然是一種美談，但更有志氣的餐飲業經營者，更懂得在產品上持續創新，不斷突破。能做到這裡，已經算是出類拔萃了。

擁有策略雄心的餐飲業者，還會進一步走向連鎖經營，無論是直營或是加盟，都是發揮採購與品牌價值等方面規模經濟的重要途徑。然而連鎖經營勢必將企業經營，帶到完全不同的層次，也會面臨完全不同的課題與挑戰。

連鎖經營使服務提供的過程，離開了經營者的視線，因此就必須進行徹底的制度化與電腦化，而員工培訓的對象與範圍，也必須從基層員工的「服務技巧與態度」，提升到中階主管各種「承上啓下，解決問題」知能的強化。而高階領導者的經營境界與胸襟氣度，以及長期營造出來的組織文化，又將成爲更上層樓的必要條件。

這本《鬍鬚張大學》詳細介紹了這家連鎖餐飲企業，在過去五十年來，一步一腳印的成長歷程。他們的成長軌跡與前述的「通關過程」，若合符節，十分值得大家參考學習。我們更期許在未來，「鬍鬚張」的連鎖事業可以更加壯闊。並將此一以「魯肉飯」起家的台灣美食，推廣到全世界，就像以「牛肉餅」起家的麥當勞，將美國速食文化帶到全世界一樣。

（本文作者爲政大企管所系特聘教授兼財團法人商業發展研究院董事長）

【推薦序】

路邊攤博士

李鴻鈞

張董，我都稱他爲Finger Pa Pa，認識他是在加入台灣連鎖暨加盟協會的餐飲組，聽他在例會裡分享鬍鬚張的教育訓練，心裡想著「哇！這位張先生好認眞喔！連一小碗魯肉飯，也可以操作得這麼細膩！」跟著也對張董多一份好奇心。

陸續，我發現他眞的是我經營餐飲事業探訪的好對象，張董事長不會因爲鬍鬚張的歷史悠久而自傲，他不但常與會員們分享經營心得——從這本《鬍鬚張大學》就可以印證；還常常虛心就教，隨時可以看到他從身上拿出一本小筆記簿，不停的寫著。他的人脈從老到少都有，任何一個場合都可以看到他主動向陌生人遞名片，親切的自我介紹。他對員工噓寒問暖，對朋友積極經營友誼，連供應商也視他們爲一家人。

有一次，我去鬍鬚張演講，事後收到一份演講簡報稿，加上聽眾們的心得報告作爲紀念，他們的認眞讓我十分感動，我想這與張董有條不紊的個性有關。他凡事都努力的帶頭做，「心動力」的課程因爲他積極的邀請，讓員工得以改頭換面，勇敢承諾人生，甚至走進人生的下一個階段，月老，當然還是我們這位疼惜生命的張董事長。他不輕易放棄的個性，讓鬍鬚張上上下下的員工，都對這位「擱來啊」的董事長又愛又敬！

十年前看到張董時，他開一台Volvo 940，如今他還是開那台車，車型雖老，但被保養得很好，就像鬍鬚張的品牌，在他手裡被細細的雕琢著，從路邊攤步入國際品牌。

在鬍鬚張即將五十週年，台灣家庭美食登上國際航線之際，我預祝鬍鬚張長長久久，Finger Pa Pa心想事成！

（本文作者爲欣葉實業股份有限公司執行董事）

【推薦序】

本土品牌的驕傲　台灣小吃的榮耀

洪雅齡

聽到張董要出第二本書，相當期待，接到《鬍鬚張大學》電子檔的新書內容，實能感受他出書的眞誠及熱情，除了一再讚佩，說實在的，心中有無限想法，下筆寫序卻覺不易，左思右想，終於發現：張董這個人優點太多，缺點太少，反而不好寫。

「寫序又不是寫人，哪有難寫！」我自問自答，還是發呆了幾秒，整理了思緒後，想說的就是，張永昌雖是第二代企業家，無疑已成爲鬍鬚張品牌最佳代言人，談鬍鬚張的品牌精神，就是在談張董的理念。再說個好玩的，鬍鬚張的品牌Logo是張董的父親畫像，但張董走到哪裡，都有人以爲他把鬍鬚剃掉了呢。

開店成功的不二法則是：地段、地段、地段。

提到張董的重要特色是：熱情、熱情、熱情。

張永昌先生有一種對人生、對事業、對家人、對員工、對顧客、對朋友、對不認識的病友等的極大熱情，但這種熱情卻有謙卑、寬容、分享、毅力、堅持、積極、創新及強大的學習力等特質不斷支撐。

張董兩年多前出版第一本《攤頭仔企業家》新書，大方贈書予友人時，就提到「堅持，才是成功最短的距離；好吃，永遠不會寂寞。」他並自稱爲「以熱情、有愛、付出、創造理想事業的張永昌」。

英雄不怕出身低，張董做到了，而他不只是企業家，也眞的是一直奮戰不懈的企業英雄，他實際參與了鬍鬚張過去的五十，也將帶領鬍鬚張邁向未來的五十。

鬍鬚張將歡慶五十週年，二〇一〇年七月將與中華航空合作，「賣魯肉飯賣到全世界都知道」的雄心壯志又往前跨一大步，這是本土品牌的驕傲，也是台灣小吃的榮耀。

個人很認同一句話：「唯一持久的優勢，就是有能力比你的競爭對手更快地學習」，從張董的身上，發現他是眞正做到這句話的行動家，不僅如此，

面對同業，他經常是大方分享，也眞正實踐了台灣連鎖暨加盟協會的宗旨「同行不是冤家，異業可以爲師」。

張董說，人的生命有限，事業生命可以無限，他眞實地發揮生命的熱情在創造企業永恆的價值，值此第二本新書出版之際，眞的很恭喜張董的夢想不斷地實現。

祝福鬍鬚張未來五十年，讓全世界都愛上吃魯肉飯的幸福；祝福鬍鬚張有更多更多的五十年。

（本文作者爲台灣連鎖暨加盟協會秘書長）

【推薦序】

鬍鬚張是魯肉飯中第一名的第一名

陳勝福

魯肉飯是台灣非常精緻鄉土的特色美食。尤其鬍鬚張魯肉飯，是第一名中的第一名，這是我曾到過近二十間鬍鬚張的店用餐後之評語。有一次晚上十一點半，我帶一位日本人去吃宵夜，連日本人都很驚喜鬍鬚張，給人的感覺是很有文化深度，而且服務周到，上菜快速又好吃。其中最讓日本朋友感到驚奇的是，廁所居然播放蟲聲，鳥叫和流水聲，還掛有勵志短文的「生活加油站」語錄。

記得在成長過程中，魯肉飯對我而言，曾是遙不可及的東西，當年我家在唱戲，別人家是一天三頓飯，我們家是三天看不到一頓白米飯。那時全校有五千多個學生，一班有七十二個人，記得有次月考，老師以請吃魯肉飯，來獎勵前五名。我爲了吃一碗魯肉飯，眞是拚命用功啊，如願吃到香噴噴的

魯肉飯，至今仍印象深刻。

長大後，經常帶領劇團在各地演出，不是吃便當，就是去餐廳吃，但再怎麼吃感覺就是輸給熱騰騰的魯肉飯。我發現鬍鬚張最不一樣的是在傳統中不斷創新，一家充滿古早味的老店，卻有現代時髦的新潮觀念。服務同仁都很活躍，對產品品質與口味的管理令人佩服，而且鬍鬚張的服務人員永遠那麼客氣，產品與服務都能保持一定的水準，嚴格要求標準化。

從《鬍鬚張大學》一書中，可看出鬍鬚張公司經營的秘辛和成功的道理，深值各界人士參考與學習，特爲文推薦，這是一本值得一看再看經營管理方面的好書。

今年欣逢明華園八十週年，鬍鬚張五十週年，我們都是在傳統中不斷創新進步的表徵，願能與國內外各界奮鬥人士，攜手並進！

（本文作者爲明華園戲劇總團藝術總監）

【推薦序】

魯肉飯傳奇

陳日興

欣見台灣最具傳統美食代表的餐飲品牌——鬍鬚張，在《鬍鬚張大學》一書中，將其五十年來累積的經營心得公諸於世，並與各界分享半世紀以來，「鬍鬚張」如何讓消費者，透過傳統感受與時俱進的創新歷程。因此，除敬佩其無私傳承的企業風範外，更樂於提筆爲之推薦。

從一九五五年世界第一家麥當勞，由創始人Mr. Ray Kroc在美國芝加哥創立起始，金黃雙拱門下的美味漢堡和親切服務，即迅速受到各界人士的喜愛。在一九八四年元月廿八日，台灣麥當勞也於台北市民生東路，正式成立了第一家餐廳。時至如今，麥當勞不僅改變了台灣的飲食文化、創造了兒童的歡樂園地、塑造新潮的生活形態，提升餐飲服務的經營理念，且持續地與業界相互砥礪，共同爲推動餐飲服務產業的躍進而努力。

誠所謂「創意從模仿開始」，「鬍鬚張」張永昌董事長謙沖表示，麥當勞開展了他的眼界，啓迪了他的思想，更激勵了他的夢想，讓他發心要實現「賣魯肉飯賣到全世界都知道」的企業願景。所以虛心努力，仿效麥當勞營運模式與管理技巧。然而，雖說師法於麥當勞，但鬍鬚張多年來，卻也走出了一條屬於自己無可取代的路，不僅奠立品牌根基，更樹立不凡的成功典範！

麥當勞創始人Mr. Ray Kroc曾經說過：「連鎖餐廳只有標準統一，而且持之以恆的堅持每一個細節都標準化執行，才能保證成功！」這一點，鬍鬚張奉行不悖，也執行得相當成功。

就以鬍鬚張的「品質、口味、服務、衛生」四大堅持而言，與麥當勞全球一貫、引以爲傲的企業經營品牌核心理念——「品質、服務、衛生與價值」（QSC&V），不謀而合，亦都是透過嚴格的標準化、生產品管流程、科技創新設備、規格化的工作站、人性化的服務守則，及完整的人員培育等管理模式，將餐飲連鎖經營的品牌價值與效益做到極大化。

再者，麥當勞非常重視這個大家庭中，每個夥伴的職涯成長，因爲麥當勞深信，在這個以服務爲導向的行業裡，「人」是最重要的資源，也是麥當

勞發展的核心。這份對「人」的重視與關愛，造就了麥當勞Simple、Easy、Enjoyment的品牌風格，以及獨特的重視人員價值的麥當勞人本精神。

同樣的，鬍鬚張也是崇尚「以人爲本」的企業，相當重視員工的健康、成長與福利，更在今年的人力政策上宣示「把員工的晉升擺在首位」、「在沒有更好的員工前，目前的員工就是最好的」，充分展現惜才、愛才的人本關懷，進而將人力變爲人才、使人才昇華爲好的人才、對的人才。

麥當勞期許能引導潮流，走在餐飲服務文化的前端，在消費者發現自己的需要之前，就創造出消費者的需求，眞正做到「服務在顧客開口之前」，麥當勞不僅是供應「Fast Food」的速食餐廳，更是強調提供「Anytime + Anywhere」的「Fast Casual舒食餐廳」；一如鬍鬚張屹立台灣美食五十年，在致力於傳統文化保存的同時，亦能結合時尚，並創造平價奢華不凡的品牌價值，著實令人感佩，也果眞不愧爲「魯肉飯傳奇——鬍鬚張」呀！

（本文作者爲台灣麥當勞副總裁）

【推薦序】

台灣尚好吃的魯肉飯　世界攏愛的鬍鬚張

趙義隆

對於注意連鎖加盟發展的朋友們來看，台灣是許多創意、創新、創業的淬鍊場所，其中又以餐飲服務的業態最爲蓬勃興盛，可以說是世界的一級戰區。這一次鬍鬚張要用《鬍鬚張大學》這本書來幫大家解析，把他們五十年來的發展歷程與經營手法和心法，毫不保留地呈現在大家面前，因爲他們就是希望「賣魯肉飯賣到全世界都知道」，實實在在源自台灣的「鬍鬚張」。

要研究「鬍鬚張」的角度很多，就我研讀本書和平日接觸訪談的心得，可以整理出四個重點向大家來介紹：

第一、創始攤的內外條件：老頭家張炎泉（名字裡有兩個火，還有水流不停，適合做什麼？）如何摸索出養家之道？如何落腳雙連圓環，這個台北庶民小吃的一級戰區？核心產品（魯肉飯、香菇雞湯等）如何確立？又如何拉

開與同業的同質性？爲什麼最好的創新，就是把基本功夫做到最好（B2B，back to basics）？現代美味的核心產品是什麼？

第二、由攤入店的創新決策：從「生產和成本」面來看，入店的租金、冷氣、風扇、廚房設備、白鐵桌椅等，有很多增加，但也有減項，如省去攤車推進推出，尤其陰雨天更麻煩；更重要的是從「需求和顧客」面來看，用餐的舒適清潔是否足夠壓過微調的價格彈性？又如何跨過兩代之間，價值觀與未來觀的分水嶺？

第三、連鎖經營的起落和轉型：從一九八四年一月美國麥當勞，進入台灣的衝擊和啓發開始，鬍鬚張也朝向多店（Multi-store），各店獨自經營，到設立五股的中央廚房，展開加盟與直營並進（Franchise Chainstore），再到加盟店的投機與監督管理；一九九七年口蹄疫事件、二〇〇三年SARS事件、二〇一〇年起日本地區Master Franchise調整等，一連串的刺激，是危機、轉機、還是商機？

第四、產品製造可以大量化，服務體驗也可以嗎？「餐飲業」的餐（便當、牛肉麵、四神湯、甜甜圈、麻糬等）和飲（咖啡、可樂、泡沫紅茶、啤酒、芒果冰等），多半有作業程序和工廠認證實務可資參考，比較容易發展在連鎖化和大型化；但是在「餐飲服務業」的服務卻相對無法發揮規模經濟，店員有全職和計時人員，態度與訓練略有不同；顧客外帶和內用，一人二人多人的口感偏好互異。因此，由單店到一十店、三十店、五十店時，才能切進到服務體驗的精髓，也才能領略到本書第二章品質保證的中央工廠及門市的衛生處理、第三章無微不至的服務，和第四章員工優先的眞義。

從這樣的角度來思考，我們也可以對「鬍鬚張」未來發展到百店、千店時，作一番期許，「賣魯肉飯」是在強調產品力，還可以發展服務力；「全世界都知道」是強調知名度，還可以發展指名度。或許可以朝向「台灣尚好吃的魯肉飯、世界攏愛的鬍鬚張」來努力，這也正好呼應鬍鬚張的美食冷藏鏈（Cool Chain）計劃裡，「美食又健康、節能愛地球」的社會使命。

（本文作者爲台大國際企業學系暨研究所教授）

【推薦序】

苦瓜排骨湯是我的最愛

鄭茂發

台灣諺語說：「會扛轎，才通開轎間」，指要開店做生意，就要懂得經營之道，才不會外行人做內行事。欣逢鬍鬚張五十週年慶，在張永昌董事長的英明領導下，分店一家開過一家的鬍鬚張，不只是台灣本土美食的代表，更是成功的國際連鎖企業。

我跟張董相識多年，是無話不談的好友，我們全家更是鬍鬚張的忠誠老主顧。鬍鬚張的苦瓜排骨湯，是我的最愛，有陣子幾乎是天天報到。有多愛喝苦瓜排骨湯呢？我常打趣的說，鬍鬚張的苦瓜排骨湯，就像是我的第二個老婆。最著名的鬍鬚張魯肉飯，吃起來的感覺，像是戀愛般幸福甜蜜。

從《鬍鬚張大學》一書，可以發現許多張董經營鬍鬚張的成功之道，實在是一本難得的企業經營管理實務的範本，非常值得向親朋好友及各界人士推薦，其中最值得學習的勝利模式爲「與時並進」，要隨時代的改變不斷創新。

從路邊攤到單店，從單店到多店，再到連鎖企業，鬍鬚張的經營方向與目標都很明確，且有遠大的格局，正逐步邁向「賣魯肉飯賣到全世界都知道」的企業願景，爲提升餐飲業的地位而努力。誠如現代管理學之父彼得·杜拉克的名言：每個組織核心競爭力都不同，但有一項核心競爭力，是任何組織都不可缺少的，那就是「創新」。

由於實施嚴格的標準化，在食材好能做大，品質好能做強，服務好能做快，氣氛好能做穩的原則下，鬍鬚張擁有廣大的顧客群，業績蒸蒸日上。不畏景氣寒冬的威脅，印證台灣諺語：「樹頭若徛乎在，毋驚樹尾做風颱。」根本若是顧得好，大雨大風都吹不倒。

創業五十年的鬍鬚張，能在競爭激烈的餐飲業裡，脫穎而出，屹立不搖。鬍鬚張跟名留集團，均是由單店到連鎖經營，由傳統到創新的國際品牌。我與張董都有共同的看法，認爲：困難是上帝給我們最好的禮物；有困難才有突破，才有發展。智者在困難中找方法，愚者在困難中找煩惱。深信鬍鬚張未來的五十年，將會更加璀璨。

（本文作者爲名留集團董事長）

【推薦序】

台灣傳統美食最具代表性的選手

潘進丁

牛丼是日本國民美食，而台灣人相當熟悉的「吉野家」，幾乎就等於牛丼的代名詞；相之比擬，魯肉飯正是台灣傳統美食的代表，而鬍鬚張無庸置疑的是魯肉飯的第一品牌！從街頭路邊小吃起家，跨足海外，甚至躍上華航空中美食，鬍鬚張魯肉飯今日成就的關鍵，在我看來，應在於堅持和創新。

台灣頭到台灣尾，老字號小吃不少，但究其擄獲人心之道，不外乎美味的關鍵禁得起歲月的考驗，不因掌舵持家世代交替而走樣。永昌董事長自小跟著父親耳濡目染，一碗看似平凡單純的魯肉飯，蘊藏父子兩代對生意和事業的堅持、也奠基日後成爲中式連鎖美食翹楚的關鍵。

不變的美味，維持品質不變，讓每次上門的顧客都滿意的離開，這是餐飲連鎖業最大的挑戰。作爲鬍鬚張的食客之一，這碗魯肉飯我品嚐了十幾

◆台灣連鎖暨加盟協會理事長潘進丁（左）說：堅持和創新是鬍鬚張成功之關鍵（右為創會理事長翁肇喜）。

年，不管在哪家分店，食畢起身，總會撫腹、心滿意足，也足見鬍鬚張從街頭起家，五十年悠悠歲月中，對於原物料、製作、標準化，以及邁向連鎖中所下的功夫。

魯肉飯這碗平民美食，在鬍鬚張的經營下，不僅連鎖化，並且跨出台灣國門，成爲日本人極爲喜愛的台灣美食代表。連鎖、國際化經營的背後，鬍鬚張更上層樓的以創新，積極打造「品牌」。

魯肉飯是台灣街頭最常見的美味，鬍鬚張從麥當勞的經營手法中學習，並創新提供舒適的用餐環境。同時也運用了新型態店鋪的創新手法，老店翻新爲美食文化館，塑造鬍鬚張新經典美食品牌地位；發行時下流行的潮T，和年輕客層互動。這些策略讓鬍鬚張愈加洗鍊，也讓台灣美食品牌的清單上，多了一名不可忽略的重量級選手。

政府單位近年大力鼓吹台灣精緻服務業跨出台灣，推動海外市場，而我認爲鬍鬚張，就是台灣傳統美食國際化最具代表性的選手。

永昌兄企業經營得有聲有色，身兼台灣連鎖暨加盟協會監事及外食委員會主任委員，不僅大力推動協會會務，定期邀集同業切磋、率團考察海外值得學習的餐飲業，對於公共事務投入十分熱心，致力提升台灣外食產業的經營水準。

日本吉野家以單品牛丼，不僅在日本國內開出千家店鋪，並在多國展開事業；我也期許鬍鬚張發揚台灣傳統美食，將魯肉飯賣到全世界都知道台灣的味道！

（本文作者爲台灣連鎖暨加盟協會理事長）

【推薦序】溫火慢燉飄香世界

戴勝益

有經驗的人都知道，用水煮蛋，一定要在冷水的時候就把蛋放進鍋裡，慢慢加溫，否則，一旦水滾才將生蛋放入鍋中，蛋殼必定會因猛然遇熱而殼破汁流、殘破不堪。

這正反映出「持續力量」的驚人！

五十年前，台北民生西路雙連市場對面的一個賣魯肉飯的攤子；五十年之後，躍升爲跨國連鎖餐飲企業。因爲在這半世紀，都朝著將「魯肉飯賣到全世界都知道」的目標，一步一腳印的前進，這正是創造出「路邊攤傳奇」的鬍鬚張魯肉飯。

第一個進軍日本的台灣小吃品牌，鬍鬚張魯肉飯董事長張永昌先生，以「不怕慢，只怕站」的穩健腳步，讓本土小吃，揚名於國際舞台！

曾經是「家族企業」，現在是「企業家族」的「鬍鬚張魯肉飯」。因爲張永昌先生的「一家人主義」領導風格，讓企業不僅留住好人才，更創造出競爭力。

走過半世紀的「鬍鬚張」，用溫火慢燉讓魯肉飯飄香於世界各地，張永昌先生用堅持品質、永不懈怠的精神，將帶領企業走入下一個光榮半世紀！

（本文作者爲王品集團董事長）

▲名留集團董事長鄭茂發（中），盛讚吃鬍鬚張魯肉飯，像戀愛般幸福快樂。
▼鬍鬚張董事長張永昌賢伉儷（右一、二）與明華園陳勝福賢伉儷合影。

【董事長序】

五十週年慶大步邁向另一個五十年

張永昌

美國領導力大師約翰麥斯威爾說：「昨天在半夜就過完了，我把焦點放在當下，只有當下才看得到、抓得到。」

鬍鬚張的創辦人，也就是我的父親張炎泉先生，原本在雲林從事家具製作的工作，他的木工手藝極好卻不敵機器自動化大量生產降低成本的優勢，改行做小吃。他曾經賣過鹹粥、油飯，也嘗試賣土虱、魚溜（泥鰍）、鱉、鰻魚等湯品，最後因爲一位總舖師的建議，改賣魯肉飯搭配排骨酥湯。

一九六〇年創立「雙連魯肉飯路邊攤」，一九七一年因民生西路拓寬、遷至寧夏路圓環附近。雖然創業之目的，是爲了一家七口的生計，但父親對於品質卻有高標準的要求，和異於常人的堅持。所以才能有經營五十年的鬍鬚張魯肉飯。

五十年來鬍鬚張魯肉飯仍忠於原味，熱騰騰的鄉情不減，當我從父親手

中接下企業時，我鄭重宣告企業願景是：「立足台灣、放眼亞太、胸懷世界。」如今這目標已逐步實現。

多年來，在整體企業經營上，我們當然經歷過風雨，我一直以：「你有贏的意願，就成功了一半，要充分發揮潛能，找到你的熱情，最棒的工作會讓你分不清工作與玩樂的界限。每個問題同時會帶來禮物，每個危難包含等值或更有價值的種子，去尋找，你就會找到；去問，你就會有答案；運用你已經擁有的資源，就能創造出生命中無限成功。從大處著眼、小處著手，把所有人認爲不可能的事情堅持到底，就會產生奇蹟，突破創新做對的事。」來自勉。

去年十月間承蒙歐陽霽靈老師，寄贈我們一本由經濟科學出版社出版的《麥當勞大學》，該書詳述標準化執行的八大方面共六十六個細節，說明麥當勞是如何透過標準化要求貫徹其經營理念：QSCV（品質、服務、清潔、價值），認爲連鎖店只有標準統一，而且持之以恆地堅持每一個細節都標準化執行，才能保證會經營成功。研讀之後使我們受益良多，由於鬍鬚張公司原有的經營理念：「品質、口味、服務、衛生」與麥當勞的經營理念QSCV實際

上不謀而合，今年適逢公司創業五十週年，乃決定邀請名作家吳錦珠小姐，以更平易流暢的文筆與生動活潑故事之寫法，取名《鬍鬚張大學》，將本公司五十年來的發展歷程、經營手法、心法、經營秘辛；還有我們對品質、口味、服務、衛生的堅持，毫無保留地呈現在國人面前，讓公司同仁與顧客們一起分享半世紀以來，鬍鬚張與時俱進的創新歷程。

《鬍鬚張大學》誠如大學之道在明明德、在親民、在止於至善。知止而後有定，定而後能靜，靜而後能安，安而後能慮，慮而後能得。物有本末，事有終始，知所先後，則近道矣。《大學》的宗旨在於弘揚光明正大的品德，每個人都發揮自己最高的道德修養，整體而言，社會全體便達到了最美善的道德境界。

本書付梓之際，特別感謝副董事長張燦文先生親力親爲的指導，讓本書非常生動；洪茂春老師、名留集團董事長鄭茂發先生，熱情引薦名作家吳錦珠小姐，發揮高度專業，不捨晝夜、鉅細靡遺、一針見血、打破砂鍋問到底、眼見爲憑、耳聽爲實、超高標準嚴格的追追追之認眞採訪態度，一一驗證鬍鬚張是否眞的說寫做一致？她是我見過極少數超級「龜毛」，又很會雞蛋裡挑骨頭的「挑剔」作家；錦珠開宗明義說：我要寫的《鬍鬚張大學》是一

本經得起台灣兩千三百萬人考驗的好書，因爲書裡每個字都是眞的事實；是一本讓全世界讀者都愛看的暢銷書，因爲眞感情好文章；是一本讓企業界都津津樂道、爭相學習的參考書，因爲毫不藏私慷慨解囊五十年的寶貴經驗。

爲編撰一本經得起全國二千三百萬人檢驗的暢銷書，協助鬍鬚張成爲眞金不怕火煉、全世界都會讚美的魯肉飯連鎖店。讓我感受到「龜毛一千分」的錦珠，在採訪寫作專業上超嚴格、求眞、求實、求好的高規格標準，將《鬍鬚張大學》具有畫面感的妙筆生花，如行雲流水表露無遺。她的敬業讓我發自內心由衷佩服，找對A咖，一切搞定！我感恩的說：謝謝錦珠，有妳爲《鬍鬚張大學》執筆，鬍鬚張是世界上最幸運的連鎖事業。

感謝聯合文學總編輯王聰威、杜晴惠總經理、李文吉副總經理、劉秀珍主任、責編蔡佩錦、美編戴榮芝小姐，爲此書的努力付出；更感激爲此書寫推薦序的各位學術界、企業界先進，感謝鬍鬚張全體員工、秘書林盈岑小姐；還有一直最支持我的賢內助郭碧芬女士……五十週年慶，大步邁向另一個五十年。

（本文作者爲鬍鬚張董事長）

緒　言

賣魯肉飯賣到全世界都知道

二○一○年七月，鬍鬚張歡慶五十週年之際，
與中華航空合作，提供華航飛美西國際航線機上餐，
將魯肉飯端上四萬英呎高空，
實踐「賣魯肉飯賣到全世界都知道」的企業願景。

——張永昌

過去的五十，未來的五十

五十年前，在民生西路雙連市場對面的一個賣魯肉飯攤子，由於味道好、口味佳、真材實料，人潮絡繹不絕，前一個客人才站起來，後一個客人就坐下去。「鬍鬚ㄟ，來一碗魯肉飯！」的吆喝聲此起彼落，讓攤頭前被顧客暱稱為「鬍鬚張」的頭家，張炎泉一刻不得閒。三年後，亭仔腳穿梭著一個瘦小的八歲男孩，他是頭家的長子張永昌，幫忙端送食物、收放碗筷，臉上始終帶著認真的表情。

躍升為跨國餐飲連鎖企業

五十年後，魯肉飯仍忠於原味，熱騰騰的鄉情不減，「鬍鬚張」卻搖身一變為一個品牌，一個跨國連鎖企業，而當年的男孩傳承父親的事業，並發揚光大，成為鬍鬚張股份有限公司董事長。每每被問及企業願景時，他即以

一貫認真的表情宣告：「我們要賣魯肉飯賣到全世界都知道！」從一個小小的、不起眼的攤販，變成提供顧客一流產品、一流服務的企業，年營業額高達新台幣六點六億元，全台有三十家直營門市，在日本也有兩家分店，鬍鬚張不但成為台灣魯肉飯的龍頭，更在中式速食連鎖品牌中，佔有一席之地。

二〇一〇年七月，鬍鬚張歡慶創業五十週年之際，與中華航空合作，提供華航飛美西國際航線機上餐，將魯肉飯端上四萬英呎高空，讓世界各地的旅客，都有機會在搭乘華航班機時，品嚐到道地的台灣味——鬍鬚張已然朝著「賣魯肉飯賣到全世界都知道」的企業願景，跨出一大步。

過去五十年，鬍鬚張白手起家，憑藉穩紮穩打的精神，立下永續經營的根基，以提升企業力、品牌力，作為競爭優勢；未來五十年，可以想見，鬍鬚張的魯肉飯王國，將會繼續開疆闢土，擴大版圖。

屹立半世紀的成功秘密

一窺鬍鬚張如何在競爭激烈、守成不易的餐飲行業中，脫穎而出、屹立

半世紀的秘密之前，讓我們先來回顧鬍鬚張的創業歷史。

鬍鬚張的歷史沿革，可以分為五個階段：

＊**路邊攤階段**（一九六〇至一九七八年）：以養家糊口、安身立命為目標，因為嚴選食材，用心烹調而建立口碑，生意興隆。

＊**單店經營階段**（一九七九至一九八七年）：走入店面經營，逐步將家庭事業公司化、組織化、現代化，並將口語相傳之獨門技術，轉為書面化的標準作業流程。

＊**多店經營階段**（一九八八至一九九三年）：建立五股中央工廠，成功開展七家分店，建立開拓新據點的SOP與流程，以塑造優質用餐環境，建立品牌形象。

＊**連鎖經營階段**（一九九四至二〇〇〇年）：募集五十三家加盟店，創造經濟規模，確立鬍鬚張魯肉飯，在中式速食市場上的領導地位。

＊**跨國經營階段**（二〇〇一年至今）：回歸直營體系，發展海外經營運作模式，以成為品牌母國為目標，逐步踏實地朝向年輕化、產業化及國際化之方向努力。

▲2010年3月15日華航石炳煌副總（前排中），率領高級主管至鬍鬚張參訪。
▼2010年6月28日華航行銷服務處處長林竹（右），與鬍鬚張董事長張永昌，歡喜舉杯慶賀華航機上餐正式合作。

路邊攤階段

鬍鬚張的創辦人張炎泉，原本是一位從雲林北上謀生的家具木工，因為不敵機器自動化大量生產降低成本的優勢，改行做小吃。他曾經賣過鹹粥、油飯，也嘗試賣土虱、魚溜（泥鰍）、鱉、鰻魚等湯品，均反應不佳，最後才改賣魯肉飯搭配排骨酥湯。

盛名不脛而走

一九六〇年創立「雙連魯肉飯路邊攤」，一九七一年因民生西路拓寬，遷至寧夏路圓環附近。由於長期忙碌，張炎泉連睡眠時間都不夠了，更挪不出時間整理他那和生意同樣茂盛的鬍子，於是親近的老顧客，就暱稱他為「鬍鬚張」，鬍鬚張魯肉飯之名，也就不脛而走。

雖然創業的目的，是為了一家七口的生計，張炎泉對於品質卻有高標準的要求，和異於常人的堅持。他在經營魯肉飯攤位十一年後，遇到貴人——當時黑美人大酒家的總舖師，他建議張炎泉要做出一碗，跟別人不一樣的魯肉

飯，並教他從選米、選肉開始，逐步改良。

張炎泉不但虛心請教，自己也下苦心研究，不惜成本採用高單價的新米、禁臠肉、特殊的純釀醬油為食材，細心調整肉的長度、厚度，以及魯汁的配方，經過兩三年陸陸續續不斷地改良，終於做出一碗顏色、香氣、口感、味道都會讓人感動的魯肉飯，生意也愈來愈好。

讓同業看傻了眼

同樣在寧夏夜市設攤，賣炒米粉、魷魚羹的張永成老闆，攤位在鬍鬚張旁邊，他對相識幾十年的好友張炎泉評價就是：「古意（忠厚、老實），做事頂真（認真細心，毫不馬虎），用的東西都是最好的。」

他舉例說，當時夜市其他攤販用的肉品，都是請肉販送來，雖然方便，難免會夾雜一些肥肉和碎肉……等，品質差一點的肉，其實顧客也吃不出來。但是，張炎泉寧可多花一點工，也要親自到市場挑選、購買，所以鬍鬚張供應的魯肉、豬腳、排骨，就是比別人新鮮好吃。讓張永成印象最深刻的是，鬍鬚張曾經賣過一道「香菇雞湯」，一碗要價六十元，當時一碗魯肉飯才

三塊半，為什麼這碗盅湯這麼貴？

原因是張炎泉選用的是日本進口的花菇，這種香菇肉身比較厚，燉煮時會吸湯汁，讓湯更美味，咬起來也很有嚼勁，可是價格很高，也不是隨處買得到，只有在專門攜帶舶來品入關販售的委託行才有。張炎泉就是用這種珍貴的香菇，搭配精選土雞，熬出一盅一盅香氣濃郁、口感醇厚的雞湯，讓客人讚不絕口，也讓同業看傻了眼。

連颱風天都會營業

張炎泉的長子張永昌，童年時期就在路邊攤度過，為了顧三餐，初中畢業即放棄升學，成為全職的攤販。每天中午跟著父親開始備料、預做蒸煮等作業，下午五點半左右，將攤子推到夜市，六點開始營業，直到凌晨三、四點才收攤。接著，還要到市場採買肉品、蔬菜，大約早上八、九點，才能上床睡覺。

張永昌說，父親在路邊攤階段，幾乎是「全年無休」，不論是年節假日、生病、颱風，都會一如往常推出攤車，因為有出攤才有收入，只要風雨不

鬍鬚張願景

傳承美食 追求幸福

我們是熱情、創新、卓越的餐飲企業

公司第一・團隊優先・無我無私・共同成長

(蕃薯毋驚落土爛・代代相傳代代湠)

經營理念

誠信篤實
追求卓越
顧客滿意
永續成長

成本、效率、美感、創新

管理原則

以人為本
人才培育
賞罰分明
成果分享

品質、口味、服務、衛生

門市事業	通路事業	海外事業	生產事業	新創事業
卓越形象	品牌信譽	領先技術	品質認證	掌握情報
優質服務	產品獨特	紮實管理	設備先進	精確評核
高效機制	拓展便利	專業輔導	技術精良	快速行動

建立條件支撐・應用專案管理・推動五年計劃・逐步實現願景

研發　生產　行銷　服務　管理

賣魯肉飯賣到全世界都知道

▲「傳承美食追求幸福」之鬍鬚張願景圖。
◀在華航貴賓室可享用香噴噴的鬍鬚張魯肉飯。
▼與鬍鬚張魯肉飯同在寧夏夜市設攤數十年的張永成（右）表示，鬍鬚張用的食材都是最好的。

大，生意照做。他還記得有一次突來大雨，道路淹水，父母就在大雨中堅守攤位，雙腳泡在水裡面默默地等，三、四個小時後，風停雨歇，水也退了，又立刻打起精神做生意。

「我們是用生命與顧客交陪（交際往來），這也是鬍鬚張的價值所在。所以老顧客都知道鬍鬚張，連颱風天都會營業，風雨稍歇就能吃到一碗熱騰騰的飯、燒滾滾的湯。別的攤販笑我們傻瓜，颱風天能做多少生意？可是，父親會反向思考，別人不做，我們更要做，反而因為競爭對手少了，颱風天我們的生意特別好！」張永昌說。

鬍鬚張在路邊攤階段，不但靠產品建立了好口碑，勤奮、熱誠的服務，也在顧客心中留下深刻的印象。

單店經營階段

諾貝爾文學獎得主紀德（Andre Paul Guillaume Gide）有一句名言：「如果沒有勇氣遠離海岸線，長時間在海上孤寂地漂流，那麼你絕不可能發現新大陸。」

遠離保守經營的海岸線

張永昌在退伍之後，有了將賣魯肉飯，做為一生事業的想法。他不但繼承父親對於品質的嚴謹態度，並且勇於改變、勇於創造，以一連串的改革，遠離父親保守經營的海岸線，為鬍鬚張開創出一番嶄新的格局。

所有的革新從進入店面經營開始。張永昌足足花了兩年的時間，說服父親租下店面，省下設攤、收攤搬進搬出的時間與體力；又花了近三年的時間，讓父親同意安裝冷氣，成為台北市第一家裝大型冷氣的小吃店，改善夏天顧客吃得滿頭大汗的窘境。

鬍鬚張不斷在寧夏夜市，創下「第一」的紀錄，包括：第一家張掛價目表，清楚標示品項與價目，杜絕攤販對外來客哄抬價格的惡習；第一家汰換所有塑膠桌椅和餐具，改為耐用、容易清潔、高規格的白鐵桌椅、白鐵鍋具；進入店面之後，更是第一家裝設四台新壁扇；第一家裝設全自動空調冷氣；第一家裝設超音波洗碗機；第一家裝設十二盞日光燈，最明亮的小吃店；第一家設收銀機開發票；第一家成立勞保投保單位；第一家寫年度計劃，推行責任中心制度的魯肉飯小吃店；而這一切，都是來自張永昌的主意。

「結果證明我是對的，我們在路邊攤時期，生意最好時，平均一天可賣出三百碗魯肉飯，最差時是兩百四十碗；進入店面經營後，生意最好時，平均一天可賣出七百二十碗魯肉飯，最差時是四百八十碗……」張永昌說每做一種改革，都衝擊著父親和其他小吃攤販傳統保守的觀念，但結果總是證明他的創新改革全都是對的。

因為這些以客為尊的創新做法，雖然要比其他攤販多花許多成本，但顧客不但吃得開心，還會爭相奔告，帶朋友來觀摩，朋友又介紹朋友，讓鬍鬚張店裡經常是門庭若市，川流不息，業績也隨著節節高升。此時的鬍鬚張已經是一家，擁有五十二名員工的夜市名店，有收銀制度與人事規章等管理模式的雛形。

參觀麥當勞萌生連鎖店想法

一九八四年麥當勞台灣第一家店，在民生東路開幕後，張炎泉父子應新

（攝影／張書瑋）

東陽經理麥寬成，邀請前往參觀。窗明几淨座無虛席的用餐環境、門庭若市大排長龍的隊伍，櫃台前服務生忙而不亂的標準化動作……在張永昌心裡，投下一顆震撼彈！此時他心裡想著，漢堡可以如此經營，那魯肉飯應該也可以吧！促使他萌生經營魯肉飯連鎖店的想法，並以開十家分店為目標。

自從有明確的方向與目標後，張永昌帶著旺盛的求知慾四處取經，積極參與企業經營的課程訓練及演講，並且本著「聞道有先後，術業有專攻」的態度，遇到有能力、有專業、值得學習的對象，即虛心求教。

找對的人做對的事

他懂得「找對的人，做對的事」，不惜成本，以二十萬元高薪，延攬瑞士洛桑餐飲管理碩士薛慶光為顧問，在三個月的時間，建立完整的人事制度、會計制度；又聘請行情年薪五百萬元，曾經成功輔導過多家知名企業的張燦文為顧問，從此鬍鬚張有了明確的經營計劃書、目標管理、責任中心制度、人事獎懲辦法、商標設計及CIS系統。

一九八七年鬍鬚張取得中華民國經濟部中央標準局商標註冊證，一年

後，「鬍鬚張速食有限公司」正式成立，由張炎泉擔任董事長，張永昌為總經理。至此，鬍鬚張不再是一家只求溫飽的小吃店，原本以家族（兒子、媳婦、親戚）為主的工作班底，逐漸朝向制度化落實。

每一項操作流程，都變成簡單化、標準化、專門化的步驟，並由專人負責；由家庭成員輪流「管錢袋」的財務方式，亦被財務報表透明系統給取代——「家族企業」正一步步、踏實地走向「企業家族」。

多店經營階段

一九八七年，鬍鬚張第二家店，在台北縣三重市重新路上開幕（後來遷移到現今台北重慶店），一九八九年第三家分店，台北承德店亦順利開展，鬍鬚張進入多店經營時期，張永昌一直放在心上的展店計劃終於啟動。

代代相傳的永續企業

張炎泉父子一向做事保守謹慎，張永昌雖然勇於改革，亦懂得等待時機

不躁進，步步為營的道理；展店需要資金、技術，更需要人才投入，沒有十足的把握，他寧可慢一點、穩一點。所以從他一九八四年，公開承諾「要開十家分店」，三年後才有了第二家店出現。

然而，張炎泉夫婦先後於一九八九年、一九九一年，不幸因為意外過世，沒有留下隻字片語，導致流言四起，議論張家兄弟會拆夥分家、公司會解散……張永昌危機處理之際，便以開展新的分店，展現鬍鬚張內部團結合作、破除萬難的企圖心，以實際行動證明，鬍鬚張是可以開花結果，一代傳承一代的永續企業。

第三家、第四家分店順利開展後，鬍鬚張完整建立開拓新據點的SOP流程，於是在短短一年間，又拓展三家店，到一九九二年底，鬍鬚張在台北已經擁有七家分店。

一九九三年三月，鬍鬚張速食有限公司，改組為「鬍鬚張股份有限公司」，同年四月，於台北縣五股工業區，成立「五股中繼廠」作為中央廚房，並於七月取得工廠登記證。從此，鬍鬚張的食材供應和配送統一化，奠定拓展店面最重要的基礎。

連鎖經營階段

一九九三年十一月，鬍鬚張成立加盟事業部（一九九四年八月改名為連鎖事業部），開始進入快速展店期。

加盟店在北台灣遍地開花

此時，張永昌認為要創造一定的經濟規模，必須靠快速開店累積實力。因此幾乎是以一個月，開放兩到三家加盟店的速度，在北台灣遍地開花，兩年內就連鎖展店到五十家。

開放加盟、迅速展店，讓鬍鬚張的市場知名度大增，可是很快地，後遺症就出現了。複製簡單、培訓容易的加盟經營方式，實際上存在品質難以管理的隱憂，而加盟動機及企圖心、加盟者的背景、資金，以及對於品牌的認同度等，都會影響加盟者投入的程度。

當一些始料未及的狀況一一浮現時，如加盟者偷工減料，選用價格較低、品質較差的肉品，或未依照SOP流程，以致分店的口味與總店不同。還

有一些加盟店私下新增品項，以及加盟店無法貫徹總公司的政策，人才培育的速度，跟不上開店腳步等，都對鬍鬚張的品牌，造成不小的殺傷力。

老顧客透過網路、客服電話向總部抱怨：鬍鬚張的品質不如從前，讓張永昌心生警惕。顧客來吃飯，是不會分加盟店或直營店，他們認的是「鬍鬚張」品牌，一旦失去顧客的信任，再大的經濟規模亦無法挽回，他察覺情況不對，毅然踩下剎車。

在逆境中力挽狂瀾

此時鬍鬚張遇到更大的危機：一九九七年三月廿日爆發的口蹄疫災情，一夕之間，人人聞豬色變，以豬肉為主要食材的鬍鬚張，受到極大的衝擊。雖然副董事長張燦文立刻啟動應變措施，推出非豬肉類產品和配套行銷策略，第一個月公司業績還是掉了四成，第二季虧損新台幣一千五百萬元，但經過努力經營後，下半年度不只補平上半年度虧損，還多賺了七百多萬元。加盟主當然也受到波及，加上門市硬體設備更新，及人員再訓練提高了成本，造成很多加盟主無法獲利經營，一年不到就有十幾家加盟店結束營業。

是危機也是轉機，鬍鬚張在逆境中力挽狂瀾，並趁勢淘汰體質不良的加盟店，全力朝直營店經營模式推進，重新調整腳步，重建、穩固鬍鬚張的口碑。並於一九九九年開始，推行ISO 9001品質保證系統、實施勞基法、導入TQM（全面品質管制）之輔導、通過政府相關單位「勞工安全、消防安全、衛生安全」之檢查、培訓各級主管取得中餐廚師之執照等，將公司的作業流程調整至最佳化，提升鬍鬚張形象。

鬍鬚張不但安然度過口蹄疫危機，更為企業體質進行一次全面的健康檢查，將發現的問題一一解決之後，鬍鬚張的營運體系，及作業流程都更趨完善，也更經得起考驗。因此可以在二〇〇〇年，通過ISO 9001認證，進而與日本FIT集團合作，以區域授權方式將品牌輸出海外，正式進入跨國事業經營的里程碑。

跨國經營階段

二〇〇一年起鬍鬚張透過組織再造、產品重建、服務重建，重新聚焦以魯肉飯為主要產品，並回歸直營體系，全力朝向國際化方向努力。

▲位於寧夏夜市的鬍鬚張美食文化館，充滿時尚感的設計，廊柱上醒目的Logo圖像，變身台灣新意象。

▼2010年1月鬍鬚張與佛子園簽約，台灣魯肉飯跨洋飄香日本。

◆熱心公益的鬍鬚張於歡慶四十七週年慶期間，與喜憨兒社會福利基金會合作，在任一家店內每筆消費，不計金額均提撥一元，協助建造「憨喜農場」，共捐贈二十五萬四千八百九十元，將滿溢愛心散播給弱勢族群。

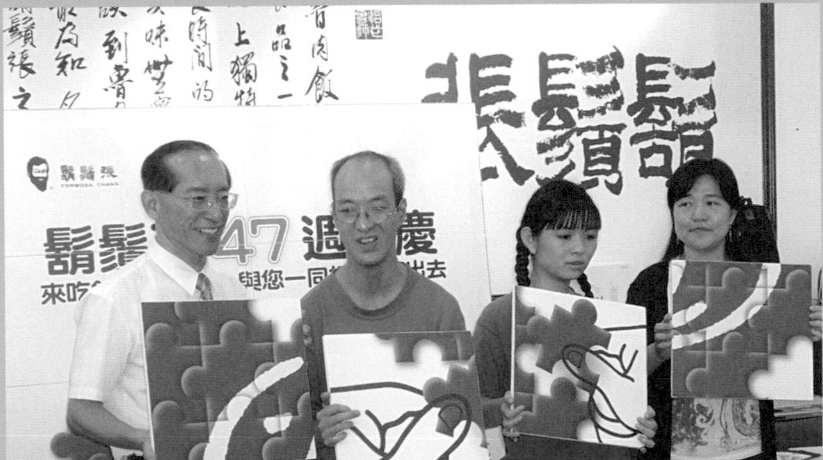

物超所值的品牌高價值

陸續通過二〇〇〇年版ISO 9001認證、經濟部商業司健全連鎖加盟總部機制計劃評鑑優等、經濟部商業司GSP服務認證、並榮獲行政院勞工委員會職業訓練局「台灣訓練品質系統」服務計劃（TTQS）金牌標竿獎之後，為了要求更高的食品安全規格，張永昌不惜斥資新台幣四千萬元，重整中央工廠，並申請HACCP認證，達到食品安全的最高認證——ISO 22000。

除了廠務改革，鬍鬚張亦從二〇〇二年開始，做店鋪設計更新計劃，門市的色調、亮度、桌椅材質等，都有了標準規範和設計，讓顧客能充分感受到鬍鬚張品牌的產品力、服務力和店鋪力，所帶來「物超所值」的價值。

二〇〇八年大膽嘗試與Pizza Cut Five，進行跨業合作的品牌年輕化策略，推出十款潮T，以及在野台開唱音樂季，推出noodle box裝魯肉飯，均展現老品牌新創意。不但增加年輕消費族群，也讓鬍鬚張在一片不景氣中，半年內業績成長率高於預估值五個百分點，以接近十個百分點的傑出表現傲視群雄。

第一個進駐日本的台灣小吃品牌

在海外市場拓展方面，鬍鬚張是第一個進駐日本的台灣小吃品牌，曾擁有東京的「涉谷店」、「新宿店」、「巢鴨店」、「五反田店」、「六本木店」、「石川縣金澤工大前店」、「神戶三宮店」、「石川縣金澤御经塚サティ店」等八家分店，後來因應海外發展策略之需，鬍鬚張自於二〇一〇年起，與佛子園合作，著重以石川縣為發展核心，並關閉日本其他地區的門市，目前計有「金澤工大前店」與「御经塚サティ店」等兩家日本分店。

從導入西式速食餐飲經營模式，以麥當勞為標竿，經過精進淬鍊，鬍鬚張發展出一套，為自己量身打造獨有的管理系統，也為中式速食餐飲業提供良好典範。究竟其企業願景、經營理念與管理模式為何？五十年來又是如何把關堅持產品品質，以致從未發生食品衛生安全事故？未來五十年又要如何在西式、中式餐飲，激烈競爭中衝出一片藍海？在接下來的章節中，我們將一一解密。

（攝影／張書瑋）

＊第 一 章＊

鬍鬚張的堅持

當成功的機會已是微乎其微的時候，

我仍咬緊牙關，繼續奮鬥，

往往就憑這股傻勁，而我竟成功了。

——張永昌

賣魯肉飯賣到全世界都知道

在鬍鬚張教育訓練中心裡，張貼著一張彩色的企業願景圖，從圖上方大大的紅字「傳承美食，追求幸福」，到圖下方的紅字：「賣魯肉飯賣到全世界都知道」，說明的是鬍鬚張創業初衷以及未來願景，中間所有的概念，都是鬍鬚張企業經營發展的重要依據與方針，也是我們一窺其成功秘訣的重要途徑。

魯肉飯在寧夏夜市大放異彩

然而，這並不是一開始就有的願景藍圖。鬍鬚張在創辦初期，並沒有偉大的想法，或獨一無二的創業產品，而是維持一家七口生計，沒有名字的小吃攤。創辦人張炎泉賣過鹹粥、油飯，後來考量到這些食物，在本土飲食文化中，只能做為點心，不能當作正餐，而改賣起魯肉飯。初期推出的魯肉飯

亦口味普通，小吃攤的收入大約只能糊口。

張炎泉不是天生懂得做生意，卻有一個簡單的信念：「起厝的起乎勇，教書的教乎會，做吃的要做乎好吃」，並且懂得「嫌貨才是買貨人」的道理，虛心傾聽顧客聲音。得以在顧客的建議下逐步改良產品，創造出獨特好吃、穩定一致、突顯色香味的魯肉飯，在寧夏夜市大放異彩。

攤頭仔（路邊攤）是小本生意，主要是為了度生活過日子，所以有刻苦耐勞、勤奮的精神，加上張炎泉誠懇待人、童叟無欺、堅守良心與道德標準的處世哲學，不但幫助鬍鬚張建立口碑，也為未來公司勾勒出明確的自我形象。

領導鬍鬚張革新、組織化的第二代經營者張永昌，投入路邊攤工作初期，亦是出自單純的信念：「打拚為將來」，與父母一起為改善家庭的經濟環境而努力。然而，在他身上同時並存的保守與勇於創新兩種特質，卻讓一家路邊攤漸漸走入店面、開了分店，甚至跨國連鎖化。從決定「賣魯肉飯會是一輩子的事業」開始，進而喊出「要開十家分店」的公開承諾，鬍鬚張有了明確的遠景，賣魯肉飯不再是一份「工作」，而是一項「事業」。

立足台灣，放眼亞太，胸懷世界

希望就是力量，不論是對個人或是組織；對於個人而言，張永昌勤於參加培訓課程、聆聽演講、大量閱讀，且積極發掘人才，知人善用，借力使力，都是因為有了明確的努力目標。證明一心想要成功的人，只會為成功找方法，而不是替失敗找理由。

對於企業而言，願景代表的是希望與方向，包含了企業存在的理由、目的、使命和價值觀。企業願景若能深植於每一個員工的心中，員工才能清楚的認識到，他們在追求什麼？為何追求？以及如何追求？並全速朝遠景目標前進。

鬍鬚張完整的願景藍圖，是在二〇〇五年五月，經過三天兩夜的「經營策略研習營」，在策略顧問歐陽霽靈博士的引導下，集合全公司主管，共同腦力激盪所完成的。原本鬍鬚張團隊，所構想的願景是「五年內全台第一，十年內中國第一，二十年內世界第一」，經過討論後發現「第一」難以定位，是收入第一？規模第一？或是品質第一呢？衡量的指標為何？均難以數字化。

◀立足台灣，放眼亞太，胸懷世界，是鬍鬚張的企業遠景。
▶1963年當時七歲的張永昌（右），與現任鬍鬚張協理張嘉壁（左）。
▼五十年前鬍鬚張創辦人張炎泉（左）為了一家生計，在寧夏夜市擺攤賣魯肉飯。

後來副董事長張燦文看到西雅圖派克魚舖的願景是：「賣魚賣到全世界都知道」，因而提出「賣魯肉飯賣到全世界都知道」，因為這句話含括了「立足台灣、放眼亞太、胸懷世界」的遠景目標，於是就成為鬍鬚張的企業願景。

放入這張願景架構中所有的概念，均代表企業內部一致的共識，包括：

* 創業初衷：傳承美食，追求幸福。
* 使命利基：我們是熱情、創新、卓越的餐飲企業。
* 企業精神：公司第一、團隊優先、無我無私、共同成長。（番薯毋驚落土爛，代代相傳代代湠）。
* 經營理念：誠信篤實、追求卓越、顧客滿意、永續成長。
* 管理原則：以人為本、人才培育、賞罰分明、成果分享。
* 消極性原則為「品質、口味、服務、衛生」（原「經營理念」，應百分之百貫徹之），積極性原則為「成本、效率、美感、創新」。
* 重點領域鎖定在門市、通路、海外、生產四個現有的事業領域，以及

▲鬍鬚張董事長張永昌（左）與協理張嘉壁，錄製「冰冰好料理」節目，現場與主持人白冰冰合影。

▼陽帆與曹蘭主持的「消費估估樂」，邀請鬍鬚張董事長張永昌（中）上節目。

未來更多的新創事業領域。

＊條件支撐則整理為五大類別：研發、生產、行銷、服務、管理，每一條件支撐都是一個專案，納入計劃管理，定期追蹤督導以落實願景經營。

企業願景包括企業的核心信念與未來前景，需要透過紮根、落實，才能維持企業生命力歷久不墜，成為源源不絕的競爭力。「賣魯肉飯賣到全世界都知道」，絕不是靠喊喊口號就能完成，鬍鬚張是如何落實這些信念，讓全體員工都認同，是我們關心的重點。

自以爲聰明的人，往往是沒有市場的。世界上最聰明的人，是最老實的人。因爲只有老實人，才能經得起事實和歷史的考驗。

——中國政治家・周恩來

傳承美食，追求幸福

鬍鬚張企業源遠流長，專注於魯肉飯為主體的台灣傳統美食本業，想讓世界各地的消費者，都可以享受到鬍鬚張魯肉飯的美味。憑著一碗魯肉飯為夥伴、廠商、股東及廣大的顧客創造人生幸福，透過企業目標的達成，來實現個人所追求的目標。

培養同仁的職能與工作尊嚴，以保有終生追求幸福的能力，創造更多一世人（一輩子）事業的夥伴，使企業永續經營，基業長青，人人幸福快樂。這段對於企業初衷的說明，也可以當作是鬍鬚張的創辦人及歷任經營者、全體創業夥伴的「創業宣言」。

更快、更好、更便宜、更驚喜

在這段宣言中，有一個很重要的概念：幸福。

大約在幾年前「幸福感企業」，就在國內引起關注，什麼是幸福感企業？就是要提供顧客「更快、更好、更便宜、更驚喜」的產品和服務，讓消費者享用後，擁有難忘的經驗，國內統一超商7-11、亞都麗緻飯店均為代表。不僅是顧客要有幸福感，企業員工也需要幸福感，因為愈來愈多研究和數據報告顯示，員工愈感到幸福，就愈能發揮創造力、落實執行力，並降低流動率；而這些都是提升企業競爭力的要素。

「幸福感企業」是新的名詞，可是在張炎泉主導的路邊攤時期，就已經開始落實用一碗魯肉飯讓顧客感到幸福。鬍鬚張魯肉飯所用的豬肉，是向最好的肉販採購最好的「禁臠肉」，將淤血不良的部位全部切除後，再切成條狀熬滷六個鐘頭。用比別人更貴的食材、更久的時間、更多的工夫，做出一道真材實料的料理，而且保證熱騰騰上桌，滿足顧客的口腹，是味覺的幸福感。

消費者吃路邊攤最擔心的，莫過於衛生問題。張炎泉也想到了，為能讓顧客吃得安心，當別人在用木製攤車、鋁鍋、塑膠桌椅時，他已經是整台白鐵餐車、白鐵鍋具、不鏽鋼椅，連碗盤餐具都用最好的。每天收攤後都會將攤部、餐具、攤位所在地板和桌椅都刷洗乾淨，連鍋底的醬油漬及燻黑部

▲高朋滿座的鬍鬚張門市。
▼新穎美觀的店面，象徵鬍鬚張突破傳統領先潮流。

分，都要刷得乾乾淨淨。他堅持自己敢吃的食物，才能賣給顧客，是信任的幸福感。

父母對員工特別好

進入店面經營後，顧客不必再曝曬在太陽下、坐在路旁用餐，有清潔明亮的店面，加上首開先例於小吃店裝設冷氣機，即使夏天到鬍鬚張吃魯肉飯、喝一盅苦瓜排骨湯，也不會汗流浹背。此後，鬍鬚張不斷地改革，提升對顧客的服務，全力打造讓顧客快樂用餐的舒適環境，很多小細節都注意到。包括廁所的設計佈置、收銀台邊增加放皮包、提袋的位置、門口有接待人員微笑相迎等，讓顧客有貼心的幸福感。

鬍鬚張對於員工的愛惜與照顧，亦是承傳自老董事長家風。張永昌回想十七歲時，路邊攤就已經僱請外人來工作，並提供吃住。張炎泉從未因為他們是受僱的，要他們做得更多。

反而比張永昌早睡晚起，吃飯時間到，張炎泉夫婦會喚員工吃飯，卻從不叫兒子。當時張永昌心裡頗不平衡，心想：「明明我也做得那麼辛苦，為

什麼只想到他們要吃飯，都沒想到我？我可是您們的大兒子耶？」年輕的他怎樣也想不明白，甚至有幾次就跟父母賭氣不吃飯。可是挨餓的他，也未因此舉而改變父母對員工的特別好。

直到張永昌自己掌店時，他才明白父母的用心。他說：「我開始擔任店長角色時，就能瞭解父母的想法，做生意需要別人幫忙，要對別人好一點，別人手腳才會快，而且當時的員工都是出外人，關心他們、照顧他們是應該的，至於自己人，本來就要學著照顧自己。」

成功的幸福感企業

張永昌因此學會，以同理心的觀念替員工著想，以照顧自己的心去照顧別人。他說：「我要休假，我要生活品質，我想要退休後有足夠的經濟能力，將心比心，員工當然也需要。」

因此鬍鬚張不但人事制度、員工福利比同業完善，還為員工建構一個非常健全的職涯發展體系；公司上下八百多位同仁，就像一個大家庭。一個有力的例子，就是鬍鬚張美食文化館的館長簡如敏，選擇以工作地點，做為婚

紗拍攝地點，除顯示對公司的認同，鬍鬚張員工的幸福指數，亦可見一斑。

魯肉飯是台灣最本土的國民美食，街頭巷尾的攤販小吃隨處可見，一碗好吃的魯肉飯，看似簡單卻是令人回味。魯肉飯是早期庶民，在艱苦之中創造出來的美食。因為節慶做醮時分豬公肉，一家分得一份，當時家庭人口多，一塊肉怎麼煮，也沒辦法讓人人都吃到。為讓每一個家庭成員，都能吃到一口肉，於是想出一個辦法，將豬公肉剁碎，和紅蔥頭拌炒後，加入醬油燉煮就成了肉燥，拌入飯中食用。不但下飯，每個人也都能吃到肉，這便是魯肉飯的由來。由此可見，魯肉飯所展現的是，一種分享的人情味。熱騰騰不只是飯，也是人與人之間溫暖的感情。鬍鬚張傳承道地魯肉飯的口味，也傳承這份意義，企業的四大使命即為：

一、以負責任的態度，追求業界第一的地位。

二、以服務的精神，達到顧客滿意的程度。

三、透過企業目標的達成，來實現個人所追求的目標。

四、培養同仁的職能與工作尊嚴，以保有終生追求幸福的能力。

筆者在採訪期間即發現，鬍鬚張的重要幹部，普遍具有十年以上的資

鬍鬚張
FORMOSA CHANG
5/8試賣‧5/22開幕

鬍鬚張魯肉飯
門市服務人員

◀鬍鬚張徐匯店美麗門市。
▶鬍鬚張台北東門店隆重開幕，員工列隊歡慶。
▼以上等的「禁臠肉」製成的魯肉飯，是鬍鬚張揚名五十年的招牌主食。

魯肉飯
一直是台灣
傳統美食文化的縮影。
相傳在東晉時，
經濟貧困，
晉元帝渡江到南京，
其下隨從官吏，
每每得到一頭豬，
便以味道最美的
項下一臠，
人稱為「禁臠肉」，
用來孝敬晉元帝。
鬍鬚張魯肉飯，
所使用的材料，
正是皇帝專享最美味的肉。

歷，有些人或許中途因為生涯規劃而離開，最後還是會選擇回到這裡。私下到門市用餐，不論哪一家分店，遇到的服務人員，都是笑臉盈盈，手腳俐落。我在門市隨機採訪顧客時，也經常遇到老顧客，以與有榮焉的口吻告訴我：「我吃鬍鬚張吃幾十年了！從路邊攤就愛吃他們家的魯肉飯。鬍鬚張就像我家的廚房啦！」

「即使接近快打烊時間，店內只有我一個客人在吃飯，服務員也不會逐步關燈，依然全店燈火通明……」吳小姐感動訴說，鬍鬚張對人高度尊重、體貼入微的服務。

如果一家店能讓員工，願意效力十年以上，工作時帶著毫不做作的笑容，讓顧客幾十年來回味不已，吃了還想再吃，無疑是一家成功的幸福感企業，鬍鬚張做到了。

我爲贏球而上場，不管是在練習或眞正的比賽，我不會讓任何事阻礙我，影響我志在必贏的熱情。

——美國籃球巨星・麥可喬丹

釣竿經營哲學

鬍鬚張的經營哲學，與老董事長張炎泉的處世哲學，有非常深刻的關聯。可以說，張永昌從小就是在父親身教、言教之中，耳濡目染，傳承經營的「鋩角」（訣竅）。

來自父親的啓示和感動

鬍鬚張傳承五十年的六大經營執著點，就是由張炎泉口中傳出。一九八四年張永昌和父親，一起去麥當勞觀摩，得到了許多啟示和感動。麥當勞的經營理念為QSCV：品質（Quality）、服務（Service）、清潔（Cleanness）、價值（Value），鬍鬚張的是什麼呢？他回家後立刻請益父親，父親告訴他自己做路邊攤以來，一直堅守不變的工作原則：

一、嚴選食材、真材實料、注重鮮度。

二、自己敢吃，才能賣給顧客，是良心、信用與道德。
三、有研究心及接納顧客意見的雅量。
四、和氣生財，贏得鄰居好評，得人和。
五、童叟無欺、顧客至上，經常以感謝心待客。
六、「賣貨徒弟，顧貨方是師傅」，提供最好的產品給顧客。

這六項家傳精神，即為鬍鬚張最早的工作原則。後來副董事長張燦文，將這六項精神原則，濃縮為：品質、口味、服務、衛生，訂定為鬍鬚張的經營理念，也就是今天的品質政策。

張炎泉對張永昌的影響，不僅只是這六項家傳精神，平日的身教、言教，更養成張永昌沉穩、專注、耐心、毅力和豁達的性格。他的很多經營想法，都是從父親身上得到啟發，例如陪爸爸去釣魚這件事，就讓他感悟良多，並且終生受用。

▲「自己敢呷，才給顧客」充分展現鬍鬚張是落實良心、信用與道德的優良企業。
▼「品質、口味、服務、衛生」是鬍鬚張以客為尊之經營理念。

以釣魚鍛鍊毅力和體力

他回憶大約在初中時，市場在農曆初二、十六「做牙」次日就「禁屠」（市場休市），路邊攤也會跟著休息，這時候父親就會去釣魚。他會在前一天準備好米糠、地瓜泥，路邊攤打烊後即出發，騎著腳踏車從寧夏夜市到內湖大埤（現在的碧湖），大約一、兩個小時的路程。

張炎泉年輕時就愛上釣魚，只要休假就會去，風雨無阻。對張炎泉而言，釣魚是一種樂趣，也是一種成就，更是苦悶心情的轉換方式。當年張家的經濟條件差，生活不盡如意，正是白手起家的階段，一定要爭氣，不能讓自己被現實打敗，張炎泉便以釣魚鍛鍊毅力和體力。

張永昌跟著爸爸去過幾次後，也釣出興趣，心裡開始有了期待。於是，只要遇到休市，父子倆便會摸黑騎著腳踏車相載到碧湖；前頭父親踩得氣喘吁吁，後頭張永昌一手扶著爸爸的肩，一手提著釣竿，心情也很興奮，兩人都忘了已經工作一天的疲勞。

過下塔悠吊橋碧湖湖畔垂釣處時，天才矇矇亮，張永昌跟著父親的動

作，綁勾、上餌、甩竿，有時候則會撒些誘餌（米糠）在浮標周圍，吸引魚群聚集；最後就是集中精神注意浮標變化，感應釣竿任何一絲的晃動，靜靜等待魚兒上鉤。

這些動作不是靠父親口頭教導，而是張永昌默默在一旁觀察所學會。事實上，釣魚時父子之間很少對話，大半時間只是專注的看著，水面浮標的動靜，累了，就席地而坐；餓了，就拿出自製的飯糰飽餐。

等愈久魚愈多的顧客哲學

張永昌說，父親釣魚時很專注，看到魚在拉扯浮標表示上鉤時，不會心急，也不會立刻使蠻力直接拉起。而是先在一縮一放之間消耗魚的體力，再慢慢把魚拉出誘餌區，最後才會拉上岸，免得驚嚇到誘餌區附近的魚群。魚上岸之前，父親的表情都是嚴肅的，直至手到擒來，他的臉上才會露出歡喜的表情。

有一回，在張永昌還沒學會釣魚前，自個兒在湖畔玩耍，一不小心滑入水裡，父親看見趕緊一把將他拉起，他原以為要挨罵了，父親卻只是幽默地

說：「看吧，這下魚都被你趕走了。」

「對父親而言，魚就像顧客，等愈久，釣愈久，魚愈多。而放進竹簍的魚，就像老顧客，要用珍惜、感恩的心情對待，讓他們進來就不會再出去。」張永昌如此巧妙比喻，他從釣魚所學到的經營哲學。

釣魚憑技術，也靠運氣，不可能每次下竿都會有魚上鉤，不是魚餌脱落，就是在水中被小魚技巧性吃光。張永昌說，狀況最差的時候，兩人耗掉一天的時間，只釣到兩尾土鯽魚。但是父親沒有因此垂頭喪氣，或覺得浪費時間，只是說了一句：「今天運氣不好！」就收拾釣具回家了。

「路邊攤生意也是有好有壞，例如颱風天出去做生意，比平日更辛苦，但可能只有三成客人，爸爸不會發脾氣，而是會想辦法解決食材保存的問題。」張永昌說，父親在無形之中，教會他以最好的準備、最大的努力，也不一定有對等收穫的道理。但是「豈能盡如人意，但求無愧我心」，前提是要盡了最大的努力，才能置勝負結果於度外。

▲老董事長張炎泉賢伉儷。

▼鬍鬚張前董事長張炎泉，以誠懇待人、童叟無欺、堅守「做吃的要做乎好吃」，讓魯肉飯大放異彩。

從一根釣竿領悟的經營理念

此外，父親也教會他遇到問題就解決問題，不怨天尤人的態度，他回想每次父親釣不到魚的時候，就會試著增加一些技巧或修正，例如重新找尋水位、在浮標附近投擲魚餌，或是增加魚餌的香度，他想的是「我要如何釣得到魚？」而不是「我為什麼釣不到魚？」也就是為成功找方法，不是為失敗找藉口。

鬍鬚張在企業化的過程中，遭遇諸多困難和挑戰，一直支撐著張永昌的力量，就是正面積極思考，為成功找方法。他不斷提出計劃構想，然後執行計劃，一步一腳印，漸漸的，當年被譏為「乞丐許大願」的理想一一達成，證明「吸引力法則」的力量。

從陪父親釣魚中，張永昌「從看中學」、「從做中學」、「從聽中學」，從小即培養專注於一件事情，做最好準備，盡最大努力，耐心等待結果出現；而當結果不如己意時，也不會因此退縮，反而發揮毅力，持續不斷的努力。例如他要說服父親進行店面經營、安裝冷氣、建立收銀制度、高薪聘請顧問

等改革，就是靠著天天說，天天勸，天天分析利害得失的纏功，即使是花上兩三年的時間，他都不會放棄。

求知若渴聽寫做一致

他學習的毅力尤其驚人！只有初中畢業的他，靠著勤奮自學，閱讀各類書籍，並透過觀察、請益、聽演講、異業觀摩等方式，大量學習企業管理相關知識，也曾參加經濟部中小企業處，為期一年的經營管理顧問師班，學習看財務報表，學習工廠經營，學習行銷企劃，學習領導。後來他更與排行老五的弟弟張世杰（現任鬍鬚張總經理）一起念EMBA，進一步瞭解企業經營管理的理論與實務。

他強烈的學習動機，亦表現在無論何時何地看到張永昌，他都會隨身帶著一本筆記本，只要聽到一句有道理的話，或是對自己、對企業有幫助的話，就會立刻寫下來。而且聽寫做一致，聽到、寫到就會做到。

從鬍鬚張發展的腳步，就可以看出，張永昌循序漸進，不躁急、不懈怠，堅持理想的領導態度。每一件事情都是在計劃中，朝著既定目標前進，

◆色彩鮮豔、設計新潮、美觀大方的各式產品包裝，顯現鬍鬚張突破傳統領先潮流。

他堅持做對的事，也堅持把事情做對，不因為外力而輕易動搖。「溫和而堅持，樂觀而積極」正是張永昌從一根釣竿領悟的思維理念，亦是其領導哲學的詮釋。

●生命會給你所需要的東西，只要你不斷的向它要，只要你在向它要的時候，說得一清二楚。

——德國名科學家・愛因斯坦

品質堅持：只把最好的賣給顧客

對任何一種產業領域而言，「品質是企業的生命」這句話都是成立的，一個企業如果不能把品質顧好，將會失去生存的依賴，失去客戶的信任，失去市場。品質，決定企業的成敗興衰，因此絕對不只是品保部門的事，上至最高領導人，下至基層作業員，都應該把「品質」放在第一位，盡最大能力把工作做好，完成標準要求。

達到中式餐飲最難的標準化

對鬍鬚張而言，品質不啻是生存的命脈，更是信用及榮譽的依據，不允許有任何疏失。其原先的經營理念：品質、口味、服務、衛生，以品質為首，重視品質的精神，在每一家分店都可以體驗。鬍鬚張對於自家的產品有絕對的信心，堅持「不好的、不合格的絕對不賣給顧客」，更以此造就良好的

口碑，開創永續的企業生命。

事實上，相較於西式餐飲的品質控制，中式餐飲變化多端，很難標準化，品質控制難度也較高。一般中式餐廳中，往往會因為每個大廚的喜好不同，做出不同的口味，甚至同一個大廚，同一道餐點，在不同時間，也會做出不同的口味。要如何維持食物的高品質與美味？是很多中式速食餐飲，最頭痛的問題，但鬍鬚張做到了。

鬍鬚張有一套非常詳盡的作業標準書，小到青菜的切法，大到非常繁瑣的肉品滷製，都有標準可依循。例如A菜必須切成四至五公分長，粹魯要切成寬三公厘、長三至五公分的長條肉絲；而同樣是肉品，粹魯、腱子與豬腳滷製的時間、鹹度、甜度各異，且必須觀察肉品的色澤、軟爛程度做調整，在作業標準書中，都有明確的規範。

人員作業如機器一般精準

更難能可貴的是，鬍鬚張大部分的作業是依賴人工，是人就會有誤差，但鬍鬚張成立教育中心，透過教育訓練將人員訓練成如機器一般精準。

例如在鬍鬚張的每一家分店，所有負責盛飯的人員，都能在五秒內添出一碗一五〇公克的白飯，每碗的誤差不超過五公克；當然鬍鬚張也會利用治具，如潑粹魯專用的湯瓢，每一瓢剛好都是三十八公克，但真正好吃的魯肉飯，也沒有那麼容易就做得出來，而是經過層層的把關，才能創造出一碗黃金比例的魯肉飯。

所謂黃金比例的魯肉飯是，一五〇公克的米飯配上三十八公克的粹魯，為了讓米飯可以充分吸收肉汁，鬍鬚張嚴格禁止盛飯員工壓飯；飯不能壓又要呈現如富士山的形狀，就需要靠技巧了，非一朝一夕可以辦到。

此外，三十八公克的粹魯，還得做到肉汁比例為三比二，通常肉會浮在魯汁上，若沒有經過適當的攪拌，是做不到的。

鬍鬚張為了讓每位顧客，在每個時刻都能享用到一碗香噴噴的魯肉飯，背後所隱藏的努力，及付出的成本是相當可觀的。鬍鬚張品保兼通路部副理張倉源，提到他與通路商接觸時，對方常常會質疑，為什麼鬍鬚張的產品，要賣這麼貴，而且都沒有殺價的空間？當他們到中央工廠實際走訪後，反而會說：「你們這樣怎麼可能賺到錢？」因為他們看到鬍鬚張的真材實料和

◆鬍鬚張以「在地心一世情」，精心製做出古早味尚好吃的台灣料理魯肉飯。（攝影／張書瑋）

◀水耕燙A仔菜清脆鮮嫩。
▶苦瓜排骨湯是鬍鬚張的招牌湯品。
▼以禁臠肉精製的魯肉飯，是鬍鬚張揚名萬里的美食。

「厚工」（費工夫，形容所耗費的精神心力甚多）。

九粒田螺煮一碗湯

張倉源舉例說，鬍鬚張的粹魯是用小鍋在滷，每次要滷六個小時以上，如果用二重釜（大型加熱攪拌爐）的話，一次可以滷一二〇至一五〇公斤，只要四個小時，就成本分析來說，省時省錢較經濟，是比較科學的做法。可是，二重釜容積大，受熱不均勻，滷出來的味道、口感就是不及小鍋。因此，鬍鬚張還是選擇用小鍋，而且以人工濾油的方式，讓魯肉飯油脂減到最少，且能留下膠質。

「每濾一次油就是一次耗損，一樣是一公斤的豬肉下去滷，鬍鬚張滷出來可能只剩〇點四公斤，別人可能有〇點八公斤，差了一倍。」張倉源表示，當品質和成本是魚與熊掌不可兼得時，鬍鬚張會選擇品質優先，這正是鬍鬚張成功的秘密之一，也是鬍鬚張引以為傲的價值。

他又以苦瓜排骨湯為例，說明鬍鬚張重視品質的程度，只能用「龜毛」（對小事情有莫名的堅持）兩個字來形容。首先苦瓜一定是搶「市頭」（剛開

市）、搶「籮面」（最漂亮的）白玉苦瓜，再者，一般餐廳或是中央工廠做的苦排湯（苦瓜排骨湯），是用大鍋燉，做法是將原料洗淨後放進高湯裡，煮熟後再將苦瓜、排骨撈起來分裝。鬍鬚張的做法則是原盅燉湯，把固定量的苦瓜、排骨放進盅裡，加入獨家配方的高湯，再放進蒸箱，把肉的鮮味和苦瓜的鮮甜，都濃縮在燉盅裡，保留原汁原味。

別人是「一粒田螺煮九碗湯（灌水灌得離譜）」，鬍鬚張則是「九粒田螺煮一碗湯」，真材實料，製程講究，價格雖高一點，價值卻高很多。

而且，仔細比較就會發現鬍鬚張的價格並不算高，以苦瓜排骨湯來說，做法和鼎泰豐經典的原盅雞湯一樣，在鼎泰豐喝一盅雞湯是一九〇元，在鬍鬚張喝一碗原汁原味、料好實在的燉湯卻只要六十五元。

此外，鬍鬚張還堅持「燒才好吃」的真理，每碗原盅燉湯上桌時，都必須維持八十五度以上的熱度，如此用心且嚴格把關每一項產品，每一個細節都有很多消費者看不到的成本，鬍鬚張所堅持的無非就是品質、品質、品質！

不惜成本，就是要把最好的產品賣給顧客，正是鬍鬚張對品質的承諾。

口味堅持：做吃的要做乎好吃

「起厝的起乎勇，教書的教乎會，做吃的要做乎好吃」是鬍鬚張老董事長張炎泉，創業的基本信念。好吃，也可以說是餐飲業，要成功最基本的條件。

呷巧不是呷飽

中國人是一個注重飲食的民族，一道「好吃」的菜色，講求色、香、味俱全。前二者配色和諧、香氣撲鼻，都是為了吊住人的胃口，引起「想吃」的慾望，更重要的是對味道的講究且挑剔。

因為中國人飲食，何啻是解決飢飽問題，更是將深厚的中華文化，與濃郁的風土人情，都結合在一起。同一地區不同民族，或是不同地區同一民族，發展出多采多姿的口味偏好，將飲食藝術化，此一獨具特色的飲食文

化，正是華人引以自豪的「傳統資產」。

為適應民族性及社會型態的變遷，鬍鬚張自路邊攤開始，就定位在「呷巧，不是呷飽」，在菜色的精緻味美，及烹調品味藝術方面，積極投入研發，對於傳承中華美食不遺餘力。

鬍鬚張的餐點是以魯肉飯為核心，搭配演變為飯、菜、肉、湯、小菜、甜點等六大品項。經過五十年，鬍鬚張從小小的家庭廚房，演變成現在佔地八百坪的中央工廠，鬍鬚張粹魯依舊堅持，捨棄可以大量生產的二重釜，採人工小鍋滷製，就是為了保有當年所留下的口味。

關於鬍鬚張魯肉飯口味之由來，有一段故事，是張炎泉花了好幾個月的時間，每一天二十四小時的研發改良，才成就一碗魯肉香而不膩，入口即化，白飯香Q晶亮的招牌魯肉飯。

最早張炎泉和其他攤販一樣，用絞肉炒香再混合高湯熬煮，製成魯肉飯。但是有一天來了位客人，他幾乎每天晚上十一點過後會出現，到攤位吃宵夜，吃過幾次後，他就告訴張炎泉：「你們這樣做的魯肉飯，跟別人都一樣，沒有什麼特別的。」接著又問：「供應你們豬肉的老闆，有沒有來吃過

你們的魯肉飯？」張炎泉想了想，搖搖頭，他的確未見過豬肉攤老闆，坐下來吃一碗魯肉飯。

禁臠肉價錢貴兩、三倍

這位客人接著解釋，肉販不來吃，是因為他不敢吃，絞進去的肉，可能摻雜著一些不好賣的肉，淤血、太肥或者有不良的部位，一般家庭主婦看到根本不會買。可是這些肉也是新鮮的，絞一絞、剁一剁，更是完全看不出來，也吃不出來。只有豬肉攤老闆自己知道，所以他不會來吃。

他建議張炎泉，可以改用豬頸部位的禁臠肉，會比較好吃。但是用好的肉，就不能用機器絞，要用切的，雖然費工，但是口感會完全不同。

張炎泉聽完，隔天到豬肉攤採購時，就問有沒有禁臠肉？雖然價錢貴了兩、三倍，也毫不猶疑的買下，依照客人的建議，手工切成條狀。

入夜後，那位客人又來了，張炎泉立即端上一碗新的魯肉飯給他，說：「吃吃看，我已經照你的話改了肉，也用手工切。」

這個客人聽到自己的建議，在這麼短的時間內就被採納，也很高興，並

樂於再給建議。他說：「肉是改了，可是切得太大塊，感覺不夠精緻。你試試看切細一點。」客人並沒有直接告訴張炎泉該切多細？

張炎泉有一股研究的熱情，加上本來就是講究精準的木匠出身，所以他隔天馬上改變，比原來的肉塊更細了一點。同一時間，那位客人又來了，嚐了一口後，還是說：「再細一點！」

張炎泉就這樣每天修正一點，直到切出寬三公厘、長三至五公分的長條肉絲後，客人終於點頭說：「對！就是這樣。」但是肉的問題解決，滷製魯肉的醬油卻不行，他建議張炎泉不要再用便宜的化學醬油，要用傳統純釀醬油，並告訴他要到哪裡買。純釀醬油的價錢，比原來使用的醬油，昂貴許多，節儉成性的張炎泉一開始捨不得，加得很保守，不敢放多，當然做出來的魯肉味道就不夠好。

口味以顧客導向為原則

那位客人依舊每天同一時間，到攤位來吃魯肉飯，每天都會給一些建議，讓張炎泉不斷修正，直到顏色、香氣、口感都對了。又接著調整口味，

鹽要少放，再多加點糖，糖要用冰糖，再加紅蔥頭、蒜頭……。一碗魯肉飯的香度、甜度、鹹度、顏色、濃度都不一樣了。張炎泉願意傾聽顧客的聲音，顧客也樂於分享，終於讓鬍鬚張魯肉飯，有了今日讓人難忘的好滋味，而到最後張炎泉才知道自己遇到了貴人，這位指導他改良產品的常客，正是當時大名鼎鼎的黑美人大酒家總鋪師（大廚師）。

承襲老董事長的理念，鬍鬚張所堅持的口味政策，係以「顧客導向」為原則，每一項產品開發，都是經過研發部門多次的試作改良，經內部一級主管，先召開產品研發會議，進行產品試吃。

確認口味合格後，再由一家分店試賣，通過試驗和顧客的滿意度調查，才能進行量產。不管是在任何一個階段，甚至已上市三個月，只要發現產品的口味跑掉，就隨時召集相關人員，進行研究改良，並且考慮到門市的操作時間、場地……等影響因素。只要任何一個環節出問題，也一樣會將產品暫時下市，等到所有問題，都被確認解決後再恢復上市。

▶鬍鬚張貢丸湯，湯頭是以大骨熬煮四小時做為湯底，融合菜頭與大骨的精華，讓整碗湯喝起來順口濃郁。
◀綠竹筍排骨湯，嚴選夏日所盛產之高級綠竹筍，加入排骨熬燉，湯鮮味美。
▼鬍鬚張經典名菜——豬腳，注重去腥味與去油膩的功夫，入口即化皮Q肉嫩不油不膩，且吃得出膠質與肉香。（資料來源／第五期M'S雜誌）

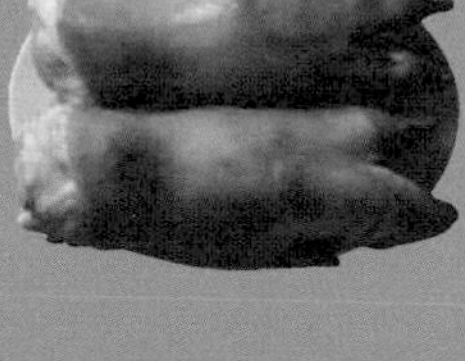

以高標準自我要求

鬍鬚張五股中繼廠（中央廚房）廠長李大圳協理提到，在整廠前曾經發生過兩千盅苦瓜排骨湯報廢的事件。原因是當時蒸箱小，一次只能蒸一台車，大約三八〇盅，所以有些裝填好原料的湯品，就放在室溫下等蒸箱。當時操作人員，不知道排骨放在室溫下一到一個半小時後，小排骨裡的血紅素就會釋出，讓湯變濁，顯得不夠清澈，肉色也會變得較紅，改變湯的味道。

這批湯品後來送到門市，顧客用餐後反應：「你們今天的湯味道，跟以前不一樣哦。」品保部門立即徹查，確認是操作人員的疏失，未依照標準流程，在裝填後十分鐘送進蒸箱，當下即決定，將同批生產近兩千盅苦瓜排骨湯全數報廢。

而在整廠過程中，也有一次千盅湯品報廢的記錄。因為更換新的水源管線，管線中有一種陽離子交換樹脂可以軟化硬水，但是會殘留異味，當天所蒸煮出來的苦瓜排骨湯都有一點點消毒水味，這次沒有出貨到門市，在品保部就被攔下，一千多盅都報廢。當天下午李大圳立刻聯絡門市清點庫存，生

產線同時就近拉一條水管，調來乾淨的飲用水，緊急安排加班生產。

擁有輔仁大學食品營養系，及海洋大學食品科學研究所專業背景的李大圳解釋：「就食品安全的角度而言，這些湯都是可以食用，安全無虞，只是口味變了。但是鬍鬚張的企業文化，就是以品質優先，顧客導向，以高標準自我要求，不達此標準就不能讓顧客吃。不惜成本報廢，為的就是讓每位上門來的顧客，都能享用到最美味好吃的產品。」

鬍鬚張致力發揚中華美食吃的藝術，對於口味的要求，除了好吃，還要忠於傳統，把舊時風味重現，不但食物要美味，還要顧客吃出故鄉的味道、媽媽的味道。這就是為何許多台灣人，離鄉背井到異國打拚，面對大江南北美食饗宴，卻還是想念著一碗香噴噴的鬍鬚張魯肉飯的原因了。

人不可能永遠創新，我要創造「經典」。

——時尚大師．香奈兒

服務堅持：讓顧客滿意的全方位服務

曾經有人如此形容鬍鬚張：「台灣味、古早味、人情味，還是鬍鬚張尚介有滋味。」說的不只是鬍鬚張產品的美味，還有不同於一般的餐飲服務業，擁有完善的服務，多了一份獨特的親切感。

接待快、點菜快、上菜快、收碗快

有了夢想，便有目標；有了目標，便有動力；有了動力，便有衝勁。在消費者導向的時代，鬍鬚張秉持著「顧客至上」的觀念，服務以親切、勤快為出發點，以接待快、點菜快、上菜快、收碗快等四快原則，來服務支持的消費大眾，務求使顧客有「賓至如歸」的感覺。

鬍鬚張是從路邊攤起家，對於服務品質有獨特的哲學，有別於一般餐飲業的「以客為尊」，強調的是「待客如友」、「賓至如歸」的感覺。現任董事

長張永昌提到，老董事長張炎泉在經營路邊攤的時候，就非常在乎每一位上門的客人，把客人都當作朋友，見面會打招呼、寒暄。就算客人多到忙不過來，臉上的笑容也沒有消失過，他的親切、樸實反而讓很多客人都願意等，還會跟他說：「沒關係，不急啦，你先送別人的。」

鬍鬚張對待顧客強調服務四快：接待快、點菜快、上菜快、收碗快，也是源起於路邊攤時期。老董事長的待客之道，有時候校長兼工友，只有張炎泉一個人兼顧準備餐點，和上菜服務的攤頭精神，將顧客當作朋友一般招呼，甚至可以記住每一位熟客的喜好。

每當看到老顧客到來，就如同看到親朋好友一般，展現親切自然的笑容，並且與老顧客間擁有絕佳的默契，這項特質被保留下來。時至今日，鬍鬚張仍然堅持專人點菜，桌邊服務，於門口設置接待大使，親切的招呼每一位顧客上門。

百貨公司規格的服務

鬍鬚張很早（西元一九八四年）就有門口接待大使的概念，在走入店面

安裝冷氣後，即有此服務。張永昌相識數十年的好友張永賢，是見證鬍鬚張從一個小路邊攤，發展至今國際化連鎖店的最佳人選，乃因當年兩家的攤位是比鄰而設。

張永賢回憶道，當年鬍鬚張店裡煥然一新、高朋滿座的景況，笑說：「鬍鬚張在寧夏夜市與其他攤販，最大的差異是裝冷氣之後，不但裝冷氣還有自動門，而且還有年輕小姐在門口鞠躬，完全就是百貨公司規格的服務。剛開始，很多人都不敢進來，覺得這家店服務這麼好，一定賣很貴。」

但事實上，鬍鬚張要讓顧客以路邊攤的價錢，享受高檔餐廳級的服務。從進入店面開始，就要讓顧客感覺到與眾不同的服務。二〇〇〇年鬍鬚張通過ISO認證後，二〇〇六年，又取得GSP認證，當時即訂立「提供顧客最好的服務品質」為目標，不斷檢視「作業流程」、「管理工具」、「硬體設備」與各項「審查紀錄」的規定與落實執行，就是要讓門市的服務，更貼近顧客需求，希望讓顧客來到鬍鬚張，都能百分之一百的滿意。

管理學大師彼得・杜拉克說過：「企業成功的關鍵因素，不在產品而在顧客。」能夠有效掌握客戶服務的滿意度及忠誠度，才是企業發展與獲利的

關鍵。尤其是在競爭激烈的餐飲服務業中，除了東西好吃之外，還要有完善的服務才能留住客人。

完善的服務可以分成兩種，一種是主動的為顧客設想，顧客不需要開口，需求就能得到滿足。鬍鬚張的四快服務、接待大使制度，都是屬於此類。接待快，讓顧客一進入店面，就能感受到被尊重和關心，點菜快、上菜快，對於講究時間管理的現代人而言，更是一種體貼。

顧客的聲音是最好的聲音

顧客從容用餐後，一結帳，服務人員就會用最快的速度、最小的聲音收拾，保持餐桌的乾淨舒適，一來不會影響正在用餐顧客的視覺觀感，再者也能讓等待用餐的顧客入座不須等待。

主動服務要體貼入微，另外一種被動服務，也要能深入人心。被動服務所指為顧客建議或抱怨事項的處理，也就是客訴服務的部分。

鬍鬚張總經理張世杰表示：鬍鬚張重視顧客關係經營，任何客訴事件，都會以最嚴謹的態度處理，因為「顧客抱怨的聲音，是最好的聲音，發現缺

失正是改善的開始。如果處理得好，就是多一位忠誠顧客；處理得不好，他就永遠不會來了」。

除了門市直接反應，鬍鬚張為了能廣納顧客的意見，設有○八○○客服專線和網站留言系統，○八○○專線由專人負責，可直接聯絡品保主管，網站留言部分，也會同步E-mail及簡訊通知相關人員。

張世杰嚴格要求主管單位，處理客訴要依循兩大原則：

一、快速且及時處理，客訴流程必須在二十四小時內處理完畢；

二、要處理到讓顧客滿意，讓顧客感受到我們的誠意與接受道歉，還願意再到鬍鬚張用餐。

他表示鬍鬚張每天約一萬七千名來客中，平均約有兩、三件客訴發生。最常接到的客訴事件，就是產品漏包，或是把甲客人點的產品，包到乙客人的便當裡，這當然是人員的疏失。所以品保主管或門市經理，就會給相關人員扣分懲處，也會向顧客坦白承認錯誤並道歉，除了補上缺少的產品，還會加贈禮物或禮券，視情況而定，主要目的在讓顧客感受到道歉的誠意。

◀蔘棗烏雞禮盒是鬍鬚張，甚受顧客喜愛的伴手禮。
▼產品多樣、設計美觀、價格實惠的鬍鬚張禮盒。

抓住顧客的心帶人來

張世杰說：「對顧客而言，因為門市漏包一顆魯蛋，而得到蔘棗烏雞禮盒，是用一顆蛋換一隻雞，賺到了；對我們而言，當顧客滿意，願意再來用餐，甚至告訴朋友，做口碑行銷，用一隻雞換到一個或更多的顧客，我們也賺到了。」這就是鬍鬚張以超值服務，創造雙贏局面的智慧，自然使得人們，一次又一次不斷地光臨鬍鬚張。

餐飲服務不但要抓住顧客的胃，也要抓住顧客的心，鬍鬚張的服務策略從產品力、服務力、店鋪力三方面呈現。以全方位的服務，讓顧客有難忘的消費體驗，使其感受超出預期，從「標準化服務」，提升為「感動服務」。

擴大服務，打進通路

為擴大經營面，服務更多消費者，達到讓顧客滿意的全方位服務，無店鋪行銷蔚然成風。二〇〇九年一月一日，鬍鬚張正式成立通路部門，隨即在一月廿一日，於萊爾富第一支商品魯肉飯便當上架。從一天賣五百多個，也是萊爾富最低的門檻，目前為止便當銷售量，在萊爾富已經穩居冠軍。

據執行董事許素珍表示，從去年一月開始，將暢銷的禮盒，依照不同節慶推出，春節在全家、萊爾富、OK賣年菜禮盒；端午節依例賣粽子禮盒；平日就銷售粹魯禮盒等。今年最令人興奮的是與華航合作，於七月一日起推出美西國際航線機上餐，達成鬍鬚張的企業願景——「賣魯肉飯賣到全世界都知道」。

鬍鬚張以不取巧、不躁進，步步穩健前進，成功開發無店鋪行銷。除了上述通路外，尚有東森購物台，萊爾富即將開發的蝦捲飯和豬腳飯、冷凍的調理食品；預購方面有全家便利商店、萊爾富、新光三越百貨、網路購物、華膳空廚等。

「我們進行無店鋪行銷，發展相當順利，期望將來能在更多的通路上行銷，包括三大量販店家樂福、大潤發、愛買以及松青、頂好超市、全省的郵局……」許素珍說。讓更多顧客因受到的服務，而感到驚喜與佩服，自然就會產生口耳相傳的口碑，建立起顧客忠誠，做到「喜歡來、常常來、帶人來」，鬍鬚張必然生意興隆。

成功＝艱苦的勞動＋正確的方法＋少說空話

——德國名科學家・愛因斯坦

▲明亮乾淨的廚房作業。
▼嫻熟快速的盛飯動作，淋上香噴噴魯汁，一碗好吃魯肉飯就要上桌啦！

◆親切笑容加上快速體貼，鬍鬚張超值服務有口皆碑。（攝影／張書瑋）

衛生堅持：自己敢吃才賣給顧客

根據行政院衛生署食品資訊網（http://food.doh.gov.tw）所公布：「民國七十至九十七年，台灣地區食品中毒發生狀況」統計資料，民國九十一年以後，食品中毒事件快速增加，每年都有二四〇起以上的食品中毒事件發生；而統計民國八十至九十七年，台灣地區食品中毒案件，食品被污染或處置錯誤之場所，則會發現有百分之四二點一，是發生在供膳營業場所（包括餐廳、飯館、旅館、飲食店、冰果室、麵包店等）。

做一碗飯，就像開一架飛機

目前台灣外食人口比例逐年攀升，據全國營養師公會，所做的二〇〇八年「外食人口飲食習慣大調查」顯示，台灣地區一週至少五天以上外食的外食族高達近八成。而這些人不可避免會到餐廳、飯館用餐。

除了擔心營養不均衡，及過油、過鹹等問題之外，衛生問題也不容忽視。因為餐廳業務，包含食材進貨、儲存、處理、烹調、上桌、清理餐廳環境等，每一項都與食物是否被污染息息相關。有鑑於此，鬍鬚張堅持「衛生」原則，強調「自己敢吃，才賣給顧客」，以提供顧客一個清潔衛生的用餐環境為責任，衷心維護顧客能「吃得快樂，吃出健康，吃得安心」。

鬍鬚張總經理張世杰說：「從電視上層出不窮的食物中毒事件，我發現餐飲業，也是掌握很多人生命和健康的行業。做餐飲的一天服務這麼多人，和航空公司沒有兩樣，只要一次失誤，後果就是不可彌補的。我們是用這樣的心態自我要求，做一碗飯，就像開一架飛機，每一個小細節，都會造成巨大的影響。對我們而言，保持環境與食材的清潔衛生，是絕對不容討價還價的。」

董事長張永昌則認為食品安全，是餐飲業者的天命，也是使命，就像醫生要以救人為優先；餐飲業者，就是要讓人吃得開心又健康。和張永昌有共同愛唱歌嗜好的榮總潘博豪主任，兩人結識於頗負盛名的青青合唱團。外省籍的潘主任表示，在他很多的親朋好友中，只要一提到台灣本土的鬍鬚張，

不只是人盡皆知，大家還會豎起大拇指稱讚：「鬍鬚張魯肉飯最好吃，讚啦！」

潘博豪以唱歌來比喻鬍鬚張的經營成功之道，耳熟能詳唱歌就不會荒腔走板，唱歌和做事一樣，歌要唱得好，就要多聽、多哼、多練習，對旋律要熟悉、對歌詞意境更能適當詮釋。

每個細節都乾淨衛生

當鬍鬚張還是寧夏夜市的路邊攤時，就非常重視衛生這一環。張永昌舉例說，父親張炎泉的攤頭，永遠保持清潔、乾爽，連攤位所在地板及桌椅，都是每天刷洗；對於食材處理也很小心，生食、熟食都個別處理，避免污染。為能妥善保存食材，避免食物腐敗、微生物污染等問題，老董事長很早就斥資重金，添購不鏽鋼六門冰箱。

當時曾有一陣子，媒體大幅報導，鋁鍋會釋出有害人體成分，導致阿茲海默症（老人癡呆症），張炎泉就立刻將所有的鋁鍋，都改成安全的不鏽鋼鍋。雖然後來的研究證實鋁鍋煮飯，與老人癡呆症無關，但是為讓顧客吃得

安心，張炎泉寧可多花一些成本，來保障顧客吃的安全。

不但廚具力求衛生、乾淨、健康，給客人的碗筷也很講究。鬍鬚張從路邊攤到連鎖門市，供應店內用餐顧客的餐具，都不使用免洗餐具，因為塑膠碗遇熱（攝氏六十度以上），就有可能釋放出氯乙烯單體的致癌物質，長期接觸會引起肝、膽方面的腫瘤。而免洗衛生筷在製作過程，免不了要漂白加工，難免也會有殘餘物質。早期鬍鬚張所使用的都是陶製的碗盤，耐高溫且容易清洗，顧客拿起來沉甸甸，視覺效果與手感也比較好，亦有古樸素雅的風情。

使用的筷子，則是竹製直徑〇點六至〇點七公分，長三十三公分，從頭到尾一樣粗細。當時，每天洗筷子是張永昌的工作，他說：「這些筷子都是我天天用手搓洗後，再晾乾，很乾淨也很乾燥，衛生安全無虞。」

代代相傳永續經營

從家庭廚房進入中央廚房，鬍鬚張對於衛生的堅持，並沒有因為客人看不到而降低標準，反而追求更高的規格，推動HACCP（Hazard Analysis and

Critical Control Points）認證。HACCP原本是美國（NASA）的太空人，為了防止食物中毒，而開發出來的對策，之後經由FDA（美國食品暨藥物管理局），將其正式制定為國內標準而採用，並於一九九五年左右推展至世界各地。鬍鬚張的中央廚房，在二〇〇八年六月取得HACCP認證，如此更可確保鬍鬚張，每份食品的安全，同時並可為更多的消費者把關。

在門市方面，鬍鬚張也有許多關於衛生的規範，例如在《服務手冊》中，詳列員工上線前洗手消毒步驟：先用肥皂依濕、搓（搓洗雙手至少要二十秒）、沖、捧、擦，洗手五步驟洗淨雙手後，再用消毒酒精消毒。根據研究，正確的洗手消毒，可以去除手上固有、暫時性微生物達百分之九十五以上，對於預防疾病感染，有很大的幫助，也是最有效的方法。

在社會上，有一些短視近利的商人，為了利益販售黑心食品，標準的「先顧腹肚，再顧佛祖」，反正「別人的囝仔死不了」。然而鬍鬚張從攤頭時代，就強調「自己敢吃的，才敢賣給客人」，所有端上桌的食物，一定都是對得起自己的良心，也對得起顧客花時間、金錢來到鬍鬚張吃飯的這一份情。不只鬍鬚張上下員工都敢吃，連供應商都敢吃、願意吃，表示產品絕對是安

全的。「因為鬍鬚張不是只做一天、做兩天，不是只做一代、做兩代的事業，我們是要代代相傳，永續經營。」張永昌強調。

「我非常敬佩誠實、正直、善良、認真的張董，能將一個台灣路邊攤小吃，成功經營五十年，還將魯肉飯賣到全世界都知道。我是鬍鬚張的老主顧，不只魯肉飯好吃，更代表很多台灣人，對本土美食的深刻記憶。張董兩代人，都以正派務實，要把最好的東西賣給客人的嚴謹態度，來經營良心事業，鬍鬚張的成功實至名歸。」與張永昌相識多年，同是建成國中家長會、青青合唱團好友的天成大飯店董事長夫人何素青說：「鬍鬚張的諸多成就讓人驚喜！在經營上已傳兩代，對消費者而言，更愉快的是，顧客也是代代相傳，從爺爺奶奶、爸爸媽媽傳到孫子女，全家大小都愛吃鬍鬚張魯肉飯者，可是大有人在。」

●成功是不斷致力於，更上一層樓的過程。

——潛能激勵大師・安東尼・羅賓

（攝影／張書瑋）

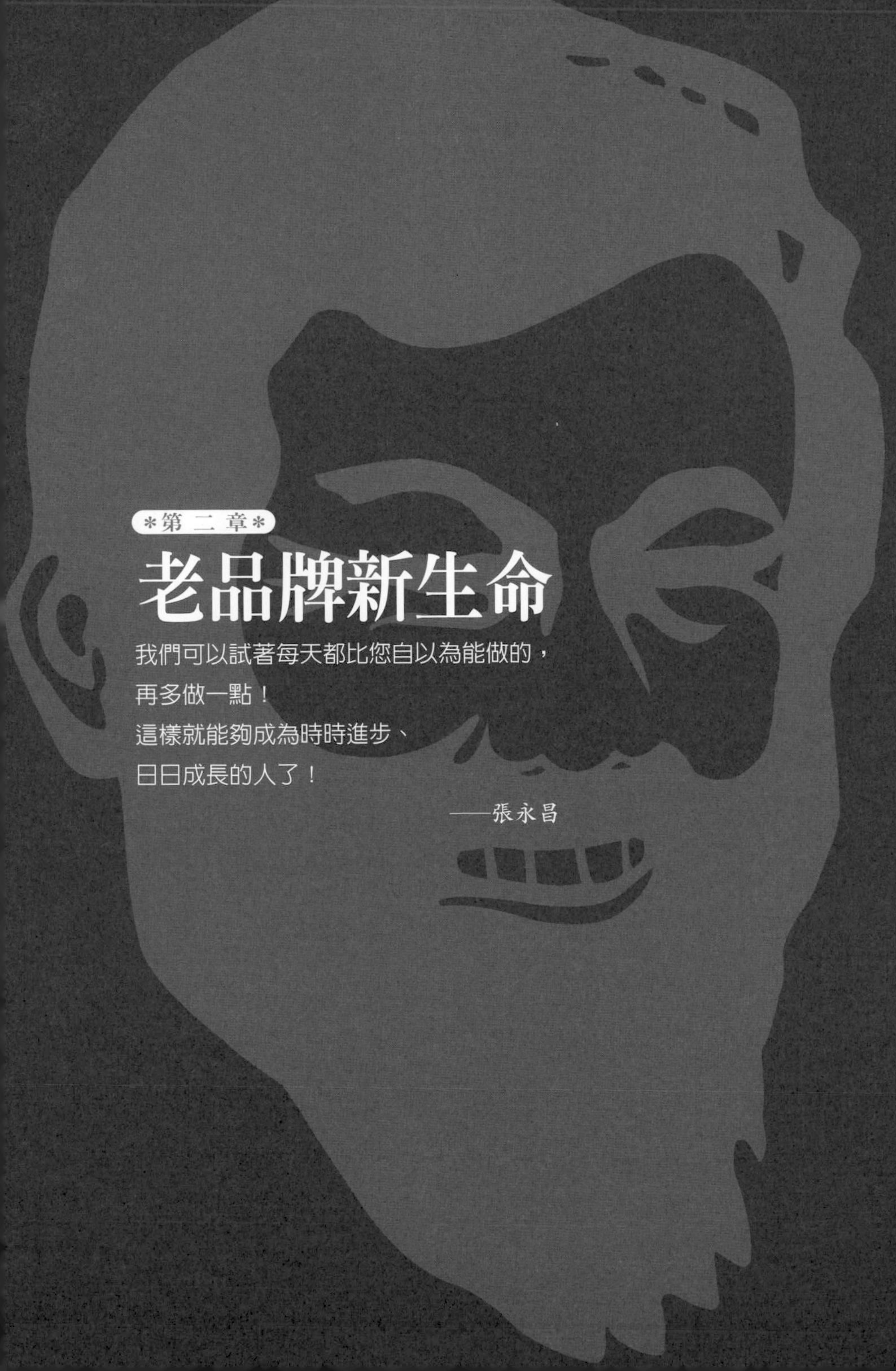

第二章

老品牌新生命

我們可以試著每天都比您自以為能做的，
再多做一點！
這樣就能夠成為時時進步、
日日成長的人了！

——張永昌

鬍鬚張的企業文化

大凡世界知名企業，或一流企業，都有其標榜的企業文化，也就是企業共同的核心價值觀和行為準則，鬍鬚張亦不例外。

企業文化的內涵，包括經營理念、品質政策、企業使命、企業精神等。成功的企業文化，能夠打動員工的心，在員工的心裡引起共鳴，造成強烈的向心力，同時也能對外塑造，並傳播良好的企業形象。然而，企業文化不是在牆上張貼公告，要員工大聲宣讀即可；必須由企業領導者身體力行，上行下效，長期持續推展，期待的企業文化才會來臨。

鬍鬚張現今的經營理念，原為「品質、口味、服務、衛生」。但千禧年後，認為這些理念理該百分之百貫徹，並訂為品質政策。乃另訂出二十一世紀的經營理念，明訂為：

經營理念

＊誠信篤實：鬍鬚張嚴選食材、真材實料、注重鮮度，自己敢吃、喜歡吃的才能賣給顧客。凡事本著良心、信用與道德，對顧客誠信篤實。

＊追求卓越：鬍鬚張有研究心及接納顧客意見的雅量，致力於產品的研發、改良與創新。落實更好、更快、更省、更多的「四更」原則，以追求卓越。

＊顧客滿意：鬍鬚張要求貫徹服務四快，一米微笑，歡樂迎送，並對主顧關懷，期使顧客滿意。

＊永續成長：鬍鬚張採長短並重的策略規劃，朝向國際化方向努力，期達永續成長的境界。

品質政策

＊品質：品質乃是鬍鬚張的信用、榮譽及生存的命脈，我們對於我們的產品有絕對的信心，我們堅持的原則是，不好的、不合格的絕對不賣

給顧客，以造就良好的口碑，開創永續的企業生命。

***口味**：中國人是一個注重飲食的民族，對吃比較講究口味而且挑剔，為適應中國的民族性及社會型態的變遷，菜色的精緻味美及烹調藝術，是我們引以自豪的「傳統資產」。

***服務**：現在是消費者導向的時代，鬍鬚張一向秉持著「顧客至上」的觀念，服務以親切、勤快為出發點，以接待快、點菜快、上菜快、收碗快等四快為原則，來服務支持我們的消費大眾，務求使顧客有「賓至如歸」的感覺。

***衛生**：保持清潔的衛生，是不容討價還價的，提供顧客一個清潔衛生的用餐環境，是我們的責任，因為鬍鬚張衷心維護顧客能「吃得快樂，吃出健康」。

我們的使命

*以負責任的態度，追求業界第一的地位。

*以服務的精神，達到顧客滿意的程度。

＊透過企業目標的達成，來實現個人所追求的目標。

＊培養同仁的職能與工作尊嚴，以保有終生追求幸福的能力。

三大感謝精神

＊願我們是顧客信賴的誠實企業。

＊願我們是員工信賴的誠實企業。

＊願我們是廠商、股東、各地分公司信賴的誠實企業。

誠實至上

由經營理念與三大感謝精神，可以看出鬍鬚張是一個重視「誠實」價值觀的企業，不僅是對外的自我要求，也是對內的行為準則；在鬍鬚張，選擇用人的原則，就是「用人唯才，以德為重」，不重視文憑，重視實力。技術不好沒關係，意願與態度都要對，這樣的人就值得培養。

說寫做一致

雖然從小學校老師教導我們：「做人要誠實」，「誠實是為人處世最基本的道德」，但往往出了社會之後，會發現利字當頭，良心與道德在金錢與利益面前，變得十分脆弱，在眾多造假、黑心、偽善事件中，「誠實」原則也愈來愈難守。但鬍鬚張將誠實視為立業之本，當公司導入並通過ISO品保認證後，鬍鬚張全體員工，即確實以ISO精神：說寫做一致，自我督促，不停地成長學習。

如張永昌所做的詮釋：「誠實才足以產生信賴，對就對，不對就不對，有就有，沒有就沒有，可以就要做到，不可以的話，也要誠實的在第一時間表達沒辦法。」言行一致、心口一致，形成鬍鬚張不說大話、不譁眾取寵的企業文化。

而且鬍鬚張的「誠實」原則，是包括對自我的誠實，也包括對顧客、員工、廠商、股東，及各地分公司合作夥伴的誠實，以真誠、信用、說到做到的決心，打動顧客、員工、廠商、股東的心，展現鬍鬚張所追求的幸福，是

一種共存、共榮、共利的幸福，贏得信賴。

攤頭仔精神

一如鬍鬚張總經理張世杰提到，鬍鬚張轉型過程與未來發展，所耳提面命的重點：「一定不要失掉攤頭仔精神！」這也是鬍鬚張企業文化中，很重要的一部分。

食米飯拜鋤頭

台語俗諺云：「食果子拜樹頭，食米飯拜鋤頭」，意思是人要懂得感恩，飲水思源，不能忘本。今日的鬍鬚張雖然已經開枝散葉，成為跨國連鎖餐飲企業，可是鬍鬚張的根在寧夏夜市，鬍鬚張的起源是路邊攤頭仔，是永遠不能抹滅的事實。

鬍鬚張之所以能在中式餐飲服務業中脫穎而出，成為與麥當勞、肯德基等西式速食餐飲，具有同等競爭力的企業品牌，亦與本土攤頭仔精神有緊密關聯，正是這份精神的傳承，讓鬍鬚張有一種，貼近庶民文化的可親近性。

二〇〇四年五月廿日，鬍鬚張魯肉飯，應邀於中華民國第十一任總統陳水扁、副總統呂秀蓮就職典禮上，至總統府外燴午餐，讓與會貴賓品嚐庶民美食的代表——鬍鬚張魯肉飯，贏得一致好評。

鬍鬚張的攤頭仔精神，表現於產品，是以通俗道地又經濟美味的食物為主體，如魯肉飯、苦瓜排骨湯、豬腳等；表現於服務，則是快速、準確、親切，且價值高貴，價格不貴。表現於人的管理，是強調人盡其才，能共事就是緣份，來珍惜人的資源，因為路邊攤是以人為主的組織，人情味特別重；表現於物的管理，則是強調物盡其用，絕不浪費。

此外，路邊攤有聚集經濟效應，原本單打獨鬥的個體戶，因為空間上的集中而獲得好處，如吸引人潮、共用公共設施節省成本等，而攤販在固定空間形成夜市商圈後，也會進一步在地化，與當地文化融合，形成一種特色。因此，關懷在地文化的發展，也成為路邊攤傳承的重要使命。

出錢出力回饋社會

鬍鬚張關懷在地文化，每一家分店都會深入所處商圈，並用心回饋資源

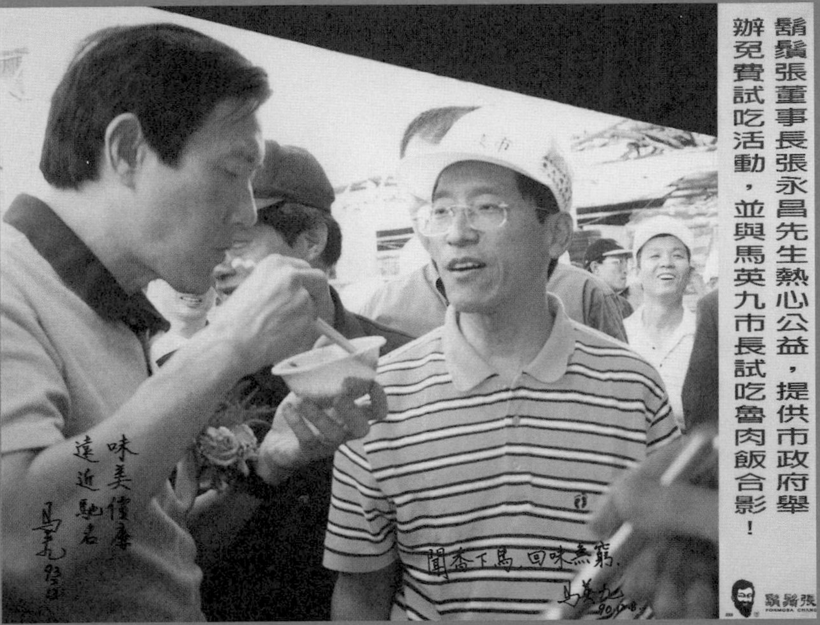

▲總統馬英九（左）先生，曾於2001年以台北市長身分，品嘗鬍鬚張魯肉飯，並親題「聞香下馬回味無窮」八字，贈予鬍鬚張董事長張永昌。

◀鬍鬚張美食文化館，收藏包括總統馬英九、台北市長郝龍斌……等各界名人簽名盤。

▶2007年7月8日魯肉飯節活動，台北市長郝龍斌（左）頒贈感謝狀給鬍鬚張董事長張永昌。

做社會服務，而對於寧夏夜市，鬍鬚張更有一份不能割捨的情感與責任。董事長張永昌說：「鬍鬚張從寧夏夜市出發，可以說是與寧夏夜市一起成長，就像好兄弟一樣，只要寧夏夜市有舉辦活動，鬍鬚張魯肉飯一定大力支持，對寧夏夜市的付出不求回報，只希望能將寧夏夜市朝向國際化邁進，提升寧夏夜市的形象與競爭力。」

張永昌擔任寧夏夜市觀光協會顧問長達九年，同是顧問的張永賢讚賞他說：任何夜市或社區內的活動，如魯肉飯節活動、大胃王比賽。總統馬英九先生，於二〇〇一及二〇〇四年，以台北市長身分，應邀參加鬍鬚張魯肉飯大胃王比賽，並親題「聞香下馬回味無窮」八字贈予鬍鬚張。元宵社區聯歡晚會等，都會以鬍鬚張名義出錢出力，包括人力、財力、物力。

寧夏夜市觀光協會前任會長賴炳勳會長，就以一句：「張顧問，有你真好！」對於張永昌的奉獻，做出最高讚譽。

而在寧夏商圈的鬍鬚張創始店，成立美食文化館時，更不忘將過去路邊攤的經營意象，融入店面裝潢，並陳列相關文物。例如具有五十年歷史的飯匙、陶碗、燙青菜撈網、創辦人採買食材所騎的腳踏車等，均意味著鬍鬚

張，對於早期從老圓環商圈出發的那一段歷史，懷著飲水思源的心情，攤頭仔精神也會在鬍鬚張永遠傳承。張永賢與賴炳勳都稱讚，張永昌是位不忘本、熱心公益，又積極與時並進的成功企業家。

以人爲中心

餐飲服務是一種高度屬人的服務行業，所以在鬍鬚張企業中，「顧客第一，員工優先」是非常重要的觀念，也就是以人為中心的服務和管理，真正理解人的需求、滿足人的需求，藉以凝聚共識與忠誠度。

肚子餓的時候就想到鬍鬚張

因為「顧客第一」，所以鬍鬚張的服務是童叟無欺，不分老人小孩、有錢沒錢，只要到門市消費，都能享受一樣品質的服務。也就是要做到讓顧客滿意，進而產生信賴感，肚子餓的時候就想到鬍鬚張。

因為「員工優先」，所以鬍鬚張以實際行動，落實「安心企業」的使命，以同理心管理，人人平等。張永昌說：「企業止於人，企業體中的每一個人

都是員工，董事長是員工，總經理也是員工，一律秉持『你好，我好，大家好』的原則，讓每一個人來到鬍鬚張，都可以放心的、安心的一起經營這個魯肉飯王國。」

忠誠的顧客是企業競爭優勢的主要來源，對任何企業經營者來說，保有顧客的忠誠度，都是相當重要的任務。就鬍鬚張而言，顧客在門市消費，舉凡接待、點菜、上菜、收碗、收銀及送客等，都需要憑藉大量且訓練有素的主管與人員團隊合作，才能做得既快又好；而要進一步滿足廣大顧客的期望與肯定，還需要有熱忱的員工。

曾有人問北歐航空的總裁卡爾森，如何扭轉乾坤，讓公司轉虧為盈?他回答說：「我只做了一件事情，就是提高每一個員工的熱忱。」他認為，企業要成功不是靠降價、也不是勤打廣告，而必須仰賴員工的熱忱。因為有熱忱的員工不需要提醒，就會時時面帶笑容；有熱忱的員工不需要督促，就能自動自發；有熱忱的員工會用負責任的態度，去完成每一件應該要做的事，也會進一步發揮創意，做到很多原本可能做不到的事。

▲ 2004年5月20日陳水扁（中）總統就職大典，特邀鬍鬚張至總統府外燴魯肉飯宴請賓客。

◀寧夏夜市觀光協會前任會長賴炳勳（右），以「張顧問有您真好！」讚揚張永昌之貢獻。

▶張永賢（右）與鬍鬚張董事長張永昌，一起展示具有數十年歷史的骨董餐具。

賺錢大家分

張永昌很早就發現，把人才當「員工」來用的態度做事，一定比不上用「老闆」的態度做事來得積極，而且「財聚人散，財散人聚」是不變的道理。他寧願錢財共享，讓每個人都能分享到鬍鬚張的成功。因此，在一九八六年即引進「責任中心制」，分權化管理，把每一位員工，都設定為老闆，激勵各主管幹部完成其所應負的「責任目標」，做到「全員經營」的理想境界。

他更進一步推動幹部入股，員工入股，本著「鍋裡有，碗裡就會有」的精神，與員工有福同享，他說：「我的理想就是賺錢大家分，每個人都是老闆，員工在鬍鬚張工作，除了薪水、獎勵、退休金之外，也可以有投資分紅。讓每個人都能安心地在這裡工作，而且由衷相信，公司的未來是可以期待的。」

誠實至上、攤頭仔精神與以人為中心的理念，是鬍鬚張成長的基石，從路邊攤到企業化，都是憑藉此三種精神贏得合作夥伴（包括員工、供應廠商、股東等）的信任和信心，同時也擴及到社區和每一個來此消費的顧客

群，建立對品牌的認同感，並期望鬍鬚張能夠繼續成長茁壯，提供更好的產品、更好的服務，為本土小吃爭光。

爲成功找方法的DNA

提及「為成功找方法」，鬍鬚張執行董事許素珍有更深的領悟與體驗，她是總經理張世杰的賢妻。

在一九九三年她初任採購，完全不懂食材與原料，由大嫂郭碧芬女士（現任監察人）接任職務時，僅有一本十個廠商的電話簿，便開始自己摸索。雖然從小吃豬肉長大，但跟一般人一樣，不知豬肉的各部位，當然更不知價錢與其中的差異。起初她打電話跟肉商訂貨，完全不懂個中門道，每次在電話中總是支支吾吾，而且難免被肉商刁難，就似台灣話說的「乎人吃死死」。

「這樣下去不是辦法！」在她多方詢問之下知道有肉品基金會，立即打電話去尋求支援，隔天一早自己一人搭國光號到彰化屠宰場，現場學習標準化的屠宰過程。也因此幸運的遇到四十多歲的洪江海老闆，不只熱心教她許多

豬肉屠宰與市場動態的知識，為讓她了解更多，洪老闆隔天更熱心的親自開四小時車程，載她到高雄屠宰場再學習，並在過程中教導她與廠商接洽的重點與談判的技巧。直到今天這位洪江海老闆，不只是許素珍的老師，也是鬍鬚張的貴人，也因為有許多像洪老闆這樣的貴人相助，才能在鬍鬚張重要的成長關鍵時刻助一臂之力。

許素珍回想當年二十六歲的自己，也不知哪來這樣大的勇氣與企圖心？在那段期間，她以好學進取的精神獨闖彰化、雲林、桃園、高雄……等約二十多家大型標準化屠宰場，深入學習有關豬肉的各種知識，從分不清豬肉的各部位，至熟知豬價與市場趨勢，並在過程中建立所有原物料的採購規格書、採購規範、廠商管理機制與制度。現在想想，其實這就是鬍鬚張人「為成功找方法」的企業DNA。

●行動勝於空談，一旦你做出決定，宇宙就會協力使它成真。若真心助人，自己也必定會獲得他人的幫助，這是人生最美的報酬。

——美國聖者與詩人‧愛默生

▲豬體食用部位圖。
▼2008年6月25日法國在台協會經貿處工業及基礎建設組組長雷福德（右）至鬍鬚張，美食文化館用餐。

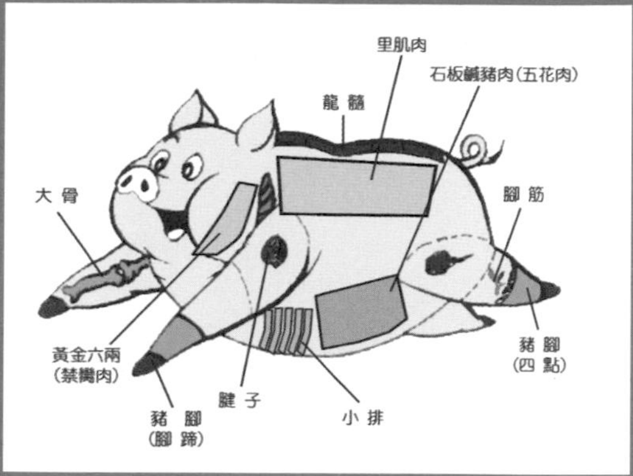

鬍鬚張的CIS

許多人對於鬍鬚張的第一印象，是店招上醒目的大鬍子人頭肖像——鬍鬚張爺爺，有人說像日本潮流品牌安逸猿（A Bathing Ape）的人猿商標，有人以為與綜藝節目主持人張菲有關。因為一樣是大鬍子，又是同樣姓張。

從鬍鬚張爺爺說起

董事長張永昌，二〇〇〇年擔任兒子張廷瑋，就讀建成國民中學的家長會長時，潘正安校長曾經問他：「鬍鬚張的Logo，看起來滿嚴肅的，小孩會不會怕？」所以一度將Q版可愛化，戴上廚師帽。而在二〇〇八年夏天，鬍鬚張爺爺又有新的面貌，變潮、變夯、變年輕，化身成米老鼠、小甜甜，穿迷彩裝，還被翻玩成骷髏頭。

這多變造型的鬍鬚張爺爺，究竟是誰？又是如何成為鬍鬚張品牌的識別

標誌？代表著什麼意義呢？

鬍鬚張爺爺，其實就是鬍鬚張的創始人張炎泉，因為長期忙碌於路邊攤的生意，無暇整理茂盛的鬍子，久而久之，親近的老顧客就暱稱他為「鬍鬚張」。大約在一九八六年中，委託師大畫室畫家好友林老師親臨寧夏創始店，對著前董事長張炎泉本人，用鉛筆做素描臨摹，畫出一張露齒微笑的肖像畫。並請國畫大師周澄老師，以隸書字體寫出「鬍鬚張魯肉飯」橫、直各六個字，做為商標使用，並設計整套企業識別系統（CIS），包括商標基本色彩的說明、廣告招牌、月刊、信紙、信封、名片、車輛、筷袋、碗、盤、湯匙、紙巾……等等的使用範圍。第二代經營者張永昌，就以這張肖像圖及隸書字體「鬍鬚張」三個字申請註冊商標，也就是今日在街頭巷尾，所見的鬍鬚張招牌Logo。所以說起鬍鬚張爺爺的歷史，可是比日本的安逸猿Logo早了好幾年哦！

台灣味、古早味、人情味

然而，商標是品牌建立的第一步，也是品牌要素中最具有價值者，鬍鬚

◆鬍鬚張Logo。

張在那個年代，著實已跨出一大步。其實大鬍子人頭肖像，並非鬍鬚張最早的商標，更早之前，是以黑色楷書字體的「鬍㊣鬚」註冊，將姓氏擺在中間，一九八六年改為由周澄老師書寫的紅色隸書字體的「鬍鬚張」，再加上畫家林老師設計的人頭肖像，和「美麗寶島」加上姓氏「張」的英文FORMOSA CHANG註冊為聯合商標，延用至今。

隨著鬍鬚張走入多店經營、連鎖化經營及海外事業的拓展，經營日益多元化，為讓各門市商標管理作業，有一準則可依循，也讓企業整體形象一致化，於二〇〇〇年，推動企業識別系統重整規劃專案。

除將原有理念上的宣傳，貫徹到活動規劃的執行外，更整合原有的視覺設計部分；從基本的企業標誌、標準字、標準色、造型應用於招牌、車體、名片、碗盤餐具、行銷文宣等，都是藉由外在一致呈現方式創新改變，來加深顧客印象並為企業注入新活力。

此時，鬍鬚張爺爺也逐漸從「商標」，變成實質的「品牌」，在市場上具備辨識度與知名度，可以用來表徵和創造同類產品之間的差異，及傳達魯肉飯文化的附加價值——台灣味、古早味、人情味。

鬍鬚張商標標準色彩

鬍鬚張商標色彩的意義，以四大經營理念「品質、口味、服務、衛生」為延伸。

黃色：Y100 M10。富裕、富饒的含義，稻田一片金黃，等待收穫之象，以期使企業體不斷的成長，達到登上龍頭的地位。另一層意義則為乾淨、明亮及品質優良的代表。

紅色：Y100 M100。積極、樂觀的含義，亦有鴻圖大展之意，另一層意義則為熱誠的服務、香醇的口味。

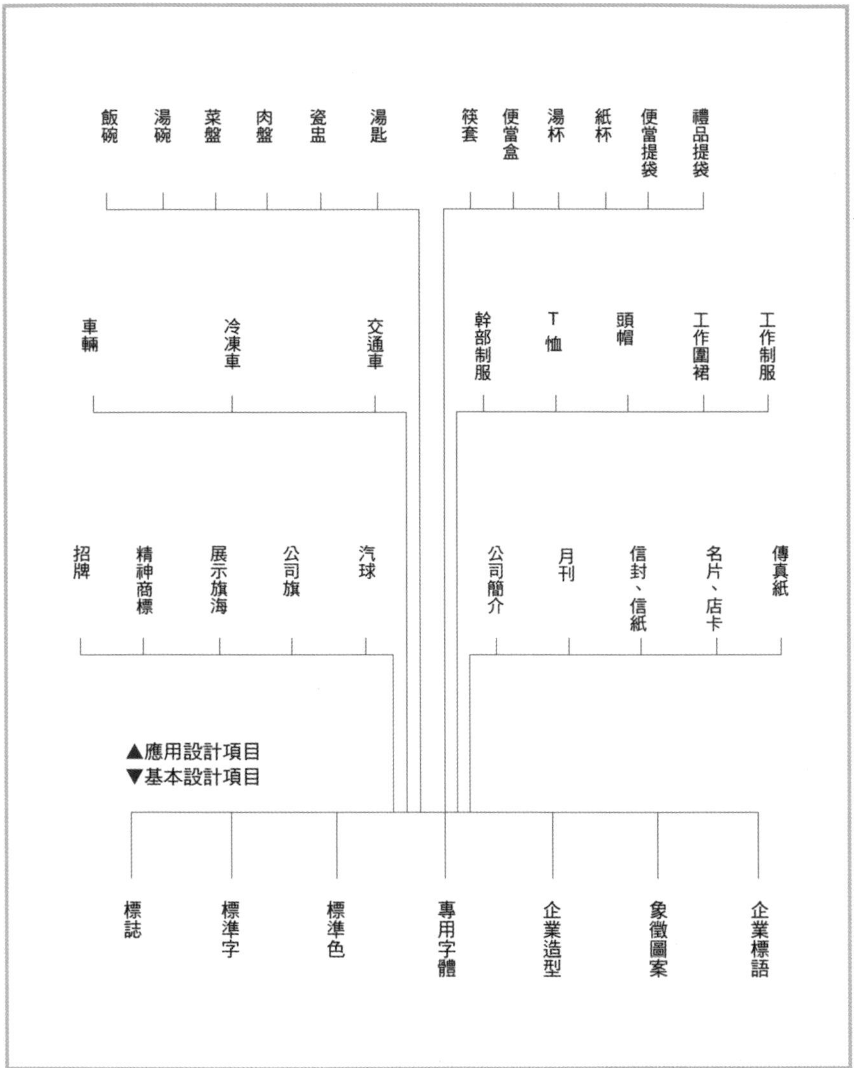
飯碗
湯碗
菜盤
肉盤
瓷盅
湯匙
筷套
便當盒
湯杯
紙杯
便當提袋
禮品提袋
車輛
冷凍車
交通車
幹部制服
T恤
頭帽
工作圍裙
工作制服
招牌
精神商標
展示旗海
公司旗
汽球
公司簡介
月刊
信封、信紙
名片、店卡
傳真紙
▲應用設計項目
▼基本設計項目
標誌
標準字
標準色
專用字體
企業造型
象徵圖案
企業標語

◆企業樹CIS應用。

咖啡色：Y100 M100 K60。穩健、踏實的含義，象徵整個公司根植鄉土，從小攤販進而大企業，重視基層，不投機、不取巧，以樸實、穩健的風格，再創中式速食餐廳連鎖事業另一高峰。

鬍鬚張Logo代表之意義：鬍鬚張CI的造型乃合乎經營方針，在邁向未來的挑戰中，我們秉持著朝向社會性、文化性、連鎖性、國際性來努力。

鬍鬚張CIS輔助系統——企業人物造型

強調企業的精神，專業活潑化，精心設計企業人物造型，加強企業的多元化，並帶動賣場的熱絡，塑造鬍鬚張的代言人，使企業更生動活潑化。

鬍鬚張CIS輔助系統——雲層

發揚鬍鬚張鄉土美食的印象，並加強視覺形象效果，持續一貫風味展現領導品牌。

人物造型1

人物造型2

人物造型3

人物造型4

人物造型5

◆企業人物造型

雲層

雲層　特色：PANTONE 454 C
四色：Y10+M5+B10

雲層　特色：PANTONE 179 C
四色：Y60+M60

◆雲層

百變鬍鬚張

二〇〇八年對於鬍鬚張而言，是革新的一年，與Pizza Cut Five一起進行的「不可思議之跨界聯名企劃」，的確產生不可思議的震撼，在台灣飲食界與潮流界，引起爆炸性的話題。

有兩個充滿創意的年輕人，在吃完魯肉飯後靈機一動，何不把鬍鬚張的Logo，做翻玩設計，改成潮流圖案印在T恤上呢？這兩個年輕人，就是充滿顛覆搞怪性格的服飾品牌Pizza Cut Five的品牌總監Abee和設計總監Issa，他們主動向鬍鬚張尋求授權，雙方一拍即合，促成第一次「屬於台灣精神的潮流聯名」企劃。

不過，剛開始看到Abee的提案時，其大膽無厘頭的設計，讓鬍鬚張多位高級主管，都皺了眉頭，包括張永昌本人。尤其是其中一款將Logo，翻玩成骷顱頭，以傳統觀念來看，是對創辦人張炎泉的大不敬，且農曆七月即將到來，保守的老員工們，也覺得賣骷顱頭T恤會觸楣頭，紛紛投下反對票。

張永昌曾經告訴Abee，除了骷顱頭的設計，其他不管是惡搞成迷彩裝、小丑、小甜甜、爆炸頭、怪頭T先生……都能接受，可是Abee卻堅持自己的創意，回答沒有骷髏頭，就沒有其他！鬍鬚張要玩品牌翻新，就要有跟自己開玩笑的勇氣，才能讓消費者相信，這是玩真的。

後來張永昌帶著Abee的設計回家，給就讀技術學院的兒子看，他們的反應彷彿讓張永昌，吃下一顆定心丸，他們說：「老爸，這個很酷，很屌耶！」張永昌想起連鎖店協會前理事長翁肇喜，曾說過的一番話：「跟著年輕人走，年輕人看到什麼會笑，你就跟著笑；年輕人看到什麼會哭，你就跟著哭，這樣就對了！」最後，張永昌決定尊重專業，以無比開放的肚量，沒有設限的預算，讓Pizza Cut Five放手一搏。

好潮的鬍鬚張

Pizza Cut Five團隊，也沒有讓張永昌失望。不只是潮流T恤的設計，還改造了鬍鬚張寧夏夜市創始店變身為美食文化館，外帶餐盒、飲料等商品包裝，設計鬍鬚張員工專屬的T恤制服，以及把魯肉飯，帶進二〇〇八年搖滾音樂節「野台開唱」、製作聯名CF開播等，對向來低調保守經營的老品牌而

言，在在都是意想不到的突破；「鬍鬚張×Pizza Cut Five」也被許多媒體，喻為本土品牌最成功的跨界合作。

看著「野台開唱」舞台下，上萬名年輕人，人手一盒noodle box設計的鬍鬚張外帶餐，吃著魯肉飯，聽著搖滾樂，張永昌心裡不禁感到熱血澎湃，以鬍鬚張為榮！為了配合活動宣傳，他本人也開始穿起潮T、牛仔褲，戴棒球帽，還為此換了一付時尚黑框眼鏡，與品牌年輕化同步。

他說：「一開始合作時，是不是會有實質的助益？無法預料，但我們相信會帶來風潮，會轟動。」果然，這場聯名活動大受好評，在年輕人圈亦造成話題，紛紛在部落格上，用最直接的語言回饋：「這堪稱是今年我覺得最屌的合作了」、「一個台灣道地老品牌，突然變年輕了起來，真是很妙的結合」、「好潮的鬍鬚張！」、「好時尚的鬍鬚張魯肉飯」……而深受喜愛的外帶盒，也被拍照在網路流傳。

今年四月由屏風表演班主演的《徵婚啟事》，劇中飾演「送便當的」角色之演員，包括王月、郭子乾、季芹、王仁甫、方文山、張本渝、黃嘉千、康康、董至成、鍾欣凌等，都穿著鬍鬚張潮T、戴鬍鬚張的帽子，蔚為風潮。

◆由屏風表演班主演的「徵婚啓事」，演員王月穿著鬍鬚張潮T。（提供／屏風表演班）

斥資千萬將品牌形象徹底顛覆，會不會「叫好不叫座」呢？總經理張世杰說，活動開始後半年中，門市業績成長不少，外帶業績亦成長了百分之十，而十八至二十五歲年齡層的顧客，也在一年內成長不少。總是「好還要更好」的張永昌，也接著分析：「美中不足的地方，是產品沒有跟著做調整，應該要針對年輕人的口味，推出新的產品，畢竟年輕人喜歡吃的口味，還是不太一樣。」

向下紮根客源年輕化

張永昌說到做到，而且還把顧客年齡層再往下拉，展現向下紮根的決心。在二〇一〇年三月推出五十五元的歡樂兒童餐，魯肉飯減少百分之二十份量，配菜有兩道現炒的綠色蔬菜、滷鴨蛋、香腸，和兒童愛吃的鮮嫩雞塊，點餐另附贈「點頭公仔」，讓兒童有得吃又有得玩。

這次聯名活動，還有一個意想不到的收穫，那就是員工拿到印有「FOR-MOSA CHANG CUT FIVE」字體，字體內還有一張隱約的鬍鬚張Logo的T恤制服，都非常開心。由於制服是員工專屬，不對外販售，員工都以穿上這件衣服為榮！還有人為了得到這件T恤，到鬍鬚張打工。品牌年輕化後，讓年輕人更願意加入鬍鬚張團隊，招募員工也比以往更容易些。

今年鬍鬚張主管的行春登山活動時，全員穿上黑色潮T制服，吸引不少路人的目光。有一位游碧桃女士看見，還主動過來說：「你們是鬍鬚張啊！我是你們的忠誠客戶哦。」聽到這句話，讓包括張永昌在內的每一位員工，心裡都泛起一陣一陣的漣漪，那股向心力和榮譽感，早已勝過其他。

魯肉飯攤變身美食文化館

位於寧夏夜市的鬍鬚張美食文化館，從門口就充滿了設計感，廊柱上醒目的Logo圖像，與天花板高掛的花樣紅燈籠，時尚雅緻風格立見。入門後，可見到一面桃紅色大朵牡丹花的客家花布牆。傳統客家花布，是台灣傳統樸實精神的象徵，近年因其用色大膽、圖樣豐富，成為流行於國際時尚的新元素，也變身台灣新意象，走出與路邊攤不同的時尚潮流。

鬍鬚張在文化館和門市中，均大量使用花布元素，點出「傳統與時尚可以並存」的企業精神，同時也透露要讓魯肉飯，像客家花布一樣揚名國際的期許。在入口花布牆前，則置放一碗「巨無霸魯肉飯」，這是二〇〇七年台北市政府舉辦「台北魯肉飯節」時，所特別訂作的一百五十人份巨大魯肉飯，現在已經是文化館的鎮店之寶，更是到訪顧客留念拍攝的最佳景點。

骨董級的腳踏車深具意義

因早期使用的陶碗，是經過長期的使用下，才會產生「冰裂紋」，而在使

▲鬍鬚張各式變裝Logo。
▼當創意遇上美食，想不KUSO都不行！（資料來源／第五期M'S雜誌）

▲Pizza Cut Five品牌創意總監Abee（左三），將傳統美食鬍鬚張Logo創意不設限，迷彩、龐克、嘻哈黑人頭潮T交互爭豔。
▼鬍鬚張董事長張永昌（右）穿潮T、牛仔褲與品牌年輕化同步。（左為藝人JR，攝影／林振益）

用時也是極其小心呵護，就像是一間長青的企業，是需要長時間的愛護，才能讓企業永垂不朽。所以文化館第二個特色，是運用「冰裂紋」所設計的鏤空鋼雕牆。「所以當我們看到這面牆時，就會想到我們賴以為生的飯碗，需要小心的呵護著。」張永昌說。

當然，更具有紀念價值的，莫過於館中陳列的文物，包括早期使用的陶碗陶盅、裝盛過十萬碗以上魯肉飯的飯匙，這些都是具有五十年的歷史。以及放在二樓送貨用的「骨董級」腳踏車。鬍鬚張創辦人張炎泉，每日天未亮，就騎著它到市場採買食材，所以前面還加裝了燈。

在地心一世情表露無遺

鬍鬚張美食文化館整體的設計，是揉合客家花布、傳統攤頭、濁水溪石、冰裂紋、大稻埕、圓環街景等多元素材，為空間中的各個角落衍生主題故事，說的不只是鬍鬚張的故事，也是台灣在地故事，把「在地心一世情」的經營原則表露無遺。

總經理張世杰堅信，鬍鬚張未來決勝的舞台在門市，從最基本的要求：

乾淨、衛生、明亮，到二〇〇二年執行店鋪設計更新計劃，包括色調、亮度、文化櫥窗、地板、桌椅材質等都重新設計，店鋪力大大提升。

「能在美食文化館服務，我們都特別珍惜這個榮譽。因為這兒是鬍鬚張的旗艦店、指標店。我非常嚴格的自我要求，每個工作同仁也一樣。來到本館用餐的客人，大多會讚美店內裝潢很新潮漂亮，人員服務親切，這對平日工作辛勞的我們而言，是一種很大的鼓舞。我以身為鬍鬚張同仁為榮！」美食文化館館長簡如敏與有榮焉。

場景新穎獨特吸引新娘拍婚紗

二〇〇八年以後，店鋪裝潢創新化，更成為鬍鬚張品牌行銷的策略之一，鬍鬚張的店鋪在原有的傳統文化設計中，增加與時尚流行的聯結；鬍鬚張美食文化館不論對於五十年的鬍鬚張，或是對於台灣老字號品牌的創新，都深具指標性意義。

「我的結婚照就是在美食文化館拍的，因為店內的裝潢，比任何婚紗公司場景都新奇漂亮與獨特，我是鬍鬚張創業五十年來最幸運的，也是唯一在店

▲這支具有五十年歷史的飯匙，已裝盛過十萬碗以上的魯肉飯。（攝影／張書瑋）

▼鬍鬚張美食文化館陳列，超過五十年前使用過的陶碗、陶盅。（攝影／林盈岑）

▲鬍鬚張美食文化館冰裂紋鋼雕牆面。
▼鬍鬚張美食文化館館長簡如敏婚紗照，拍攝於美侖美奐的館內。

內拍攝結婚照的幸福新娘。」身為美食文化館長的簡如敏笑開懷述說，她是全世界最幸運的新娘，因為拍攝效果超級好看。

當相片沖洗出來後，大家同聲讚賞：哇，太美了！這在哪拍的？真是太漂亮了。連鬍鬚張同仁都不知道，原來以為是在歐洲拍攝的美美浪漫婚紗照，竟然不是遠在天邊的歐洲，而是近在眼前的美食文化館。哈哈哈，當如敏得意笑顏如花燦爛般綻放時，那種興奮、快樂、幸福與前瞻眼光，印證了鬍鬚張不只是吃魯肉飯的好地方，更是能讓充滿幸福快樂的白雪公主與白馬王子，攜手紅毯共度美滿人生，拍攝婚紗照的超級美景。

進步，意味著目標不斷前移，階段不斷更新，它的視野總是不斷變化的。

——法國名作家・雨果

品質保證的中央工廠

近年來，鬍鬚張所面臨的外在威脅，除了國際速食餐飲品牌的競爭，以及因為魯肉飯經營資格進入門檻低，失業或轉業人口紛紛進入，同業競爭嚴重外，還有一個新的威脅：便利商店大舉搶攻熟食市場，且經常推陳出新，將消費者的眼光吸引過去；重重威脅之下，鬍鬚張為何還能沒有裁員，繼續擴張門市，每年維持百分之五以上的成長率呢？主要是因為實施目標管理、計劃經營，推行責任中心制度，並擁有品質保證的中央工廠，食品衛生安全有保障。現在就讓我們來進一步了解，鬍鬚張的中央工廠。

長治久安的標準廠房

張永昌為了拓展分店的事業，並避免污染環境，一九九三年初，好不容易在五股工業區租到一間適合的標準廠房，於租期屆滿前，房東不幸往生，

為一勞永逸，乃毅然向當時的農民銀行貸款買下廠房與土地，也就是現在鬍鬚張總公司所在五工一路一〇六號的現址。

擁有新的、更大的廠房，張永昌順勢規劃為中央廚房，終於在一九九三年四月廿七日，將鬍鬚張總公司搬入，一九九三年七月六日成立「五股中繼廠」，取得工廠登記證，並於一九九四年六月，經台灣省政府衛生處評鑑為「甲級」餐盒食品工廠。

一九九七年三月豬隻口蹄疫疫情爆發後，政府開始於餐盒食品工廠，推行HACCP之食品安全管制制度。HACCP即危害分析重要管制點系統，是針對整個食品生產過程，包括從原料採收處理開始，經由加工、包裝，流通，乃至最終產品提供消費者為止，進行科學化及系統化的評估分析，以瞭解各種危害發生之可能性。HACCP是目前世界各國，普遍認定最佳的食品安全控制方法。

四流管控涇渭分明

但是要達到HACCP的標準，需要做整廠改善，所需資金過於龐大，正

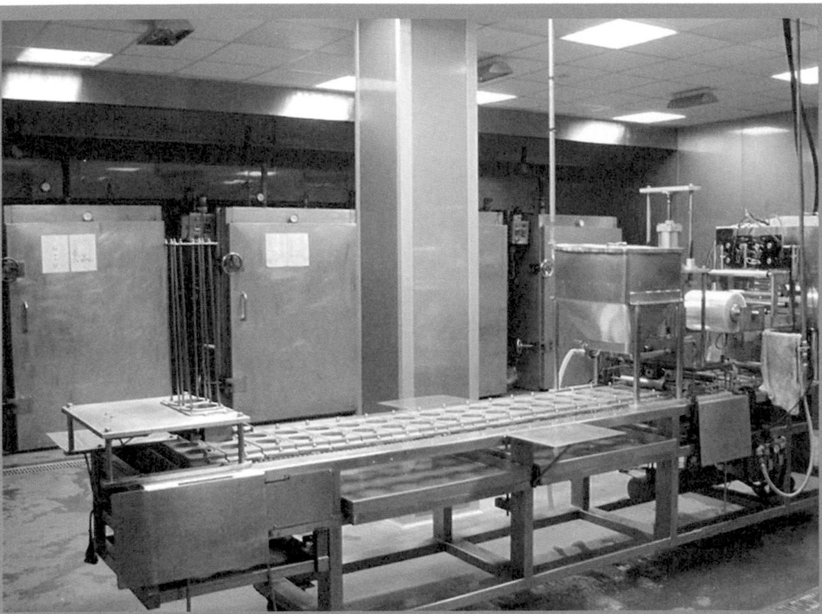

▲盅湯製作區。
▼粹魯滷製區。

遭遇口蹄疫打擊的鬍鬚張，面臨內憂（加盟店整頓）、外患（消費者聞豬色變），只能先求穩，再求好。

這可不代表鬍鬚張得過且過，在口蹄疫危機解除後，鬍鬚張立刻於一九九八年二月，推動ISO品質保證系統，並陸續在二〇〇〇年通過ISO 9001:1994版、二〇〇二年通過ISO 9001:2000版之國際品質認證，以及二〇〇六年，榮獲經濟部商業司GSP認證，奠定企業長期經營的基礎。

後因國內食品中毒案件頻傳，行政院衛生署於二〇〇七年九月，公告未來餐盒食品工廠應符合「食品安全管制系統（HACCP）」之規定，此時的鬍鬚張條件俱足，同年十一月便以通過HACCP認證為目標，進行整廠計劃。鬍鬚張中央工廠廠長李大圳，也是整廠計劃的負責人，提到當初進行整廠規劃時，最大的重點是，為避免食品間的交互污染，做好物流、人流、氣流、及水流動線的規劃及管制。

他指出，物流，是產品的流向，須依照原料進貨↓製造↓生產↓加工加熱↓包裝的方向，從最容易受污染的地方，流向最乾淨的地方。人流的動線則相反，從最乾淨（進入廠房前須浴塵消毒）的地方，一直走到最髒的地

方，不能交叉，才不會把乾淨的地方再弄髒。同樣的道理，氣流指空氣的流動，水流是水的流向，也都是從乾淨流向高污染的地方，然後排出。四流的管控一定要涇渭分明，才能確保食品的乾淨衛生。

因為廠區增建，李大圳形容整廠前的情況，並說明在增建空間、改善動線、增加空調後，這些問題都一一解決。現在中央廚房的作業環境，更乾淨、更人性化，不但降低人員的流動率，工作效率與產能，也加倍提升。

當然，整廠後，設備也大幅更新。例如鬍鬚張所用的紅蔥酥，堅持自己以大炒菜鍋油炸，炸的過程中，人都不能離開，要不斷攪拌，才能炸到酥脆，也才能確保原料品質、油質、火候達到要求。於是李大圳建議，改以機械代替人工，購置油炸機。從此溫度、時間都可以設定，需要濾油時，亦只要一個按鍵，讓油網上升即可。油炸機一次可以炸三十到五十公斤的紅蔥酥，四個小時可以有一百五十公斤的產量，比起人工八個小時，炸六十公斤，省時又省力，同時人員操作也更輕鬆，再也不需要忍受高溫油炸的危險。改革不僅是為了認證，增加生產效率，同時也是人員的福利。

鬍鬚張原本預估的整廠費用是二千萬元，實際花費卻是兩倍之多。以鬍

鬚張當時的資本額為五千萬元，花四千萬元投資設備，是不是太冒險了呢？張永昌的回答是：「鬍鬚張是要永續經營，只要說得出原因，而且是必要的，無論如何該花的錢就是要花。」同時增資至一億元，以為因應，今年更朝增資為一億五千萬元努力中。

這就是鬍鬚張凡事「照步來」（按部就班）的理念，要做就做最好的，不會「偷吃步」（作弊、投機取巧），申請認證更不是做做樣子，而是「玩真的」！鬍鬚張現代化的中央工廠，不但拉高了食品安全層級，品質更有保障，也讓員工有更安全、更舒適的工作環境，體現「顧客第一，員工優先」的理想，二〇〇八年九月通過台灣訓練品質系統TTQS審核，榮獲金牌標竿獎，可說是實至名歸。

● 如果你在任何時候、任何地方，你一生中留給人們的，都是些美好的東西，鮮花、思想，以及對你非常美好的回憶。那你的生活，將會輕鬆而愉快。那時你就會感到所有的人都需要你，這種感覺使你，成爲一個心靈豐富的人。你要知道，給永遠比拿愉快。

——俄羅斯名作家・高爾基

▲整齊清潔的出貨區。
▼髾鬚張潔淨的中央廚房，是同業爭先參觀學習的楷模。

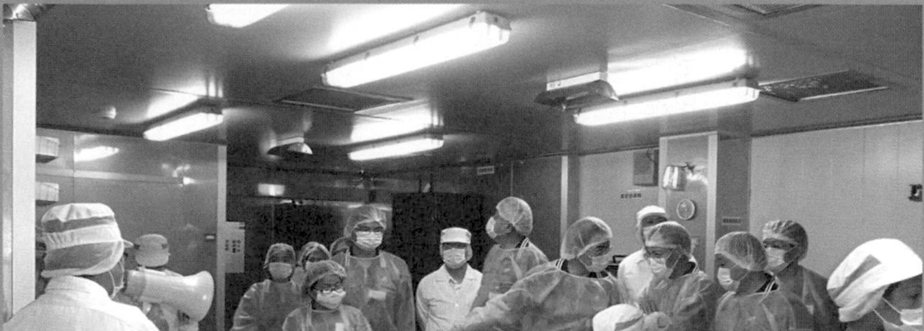

◆鬍鬚張董事長張永昌，手持1954年的攤販營業許可證。

門市的衛生管理

說到產品品質，除有先進的中央廚房之努力與堅持外，對鬍鬚張而言，像粹魯、豬腳、盅湯類等主要產品，是在中央廚房生產，在門市加熱、盛裝；但其他如白飯、青菜及扮演「帶路雞」角色的蘿蔔湯、貢丸湯等最佳配角，則都是在門市的廚房烹煮。

GSP優良服務標章

「我們張董事長，對任何細節都非常要求，比方說像扮演『帶路雞』角色的蘿蔔湯，他會不定時到店裡來喝，並且一再給我正確的指導。例如湯端上來時，一定要熱騰騰冒著白煙，白蘿蔔要切多大塊？色澤要看起來很漂亮，再加幾葉新鮮香菜……董事長可以來好多次，親自試喝好多碗，就為了一碗能讓客人，喝起來很爽口，喝完會額頭冒汗珠，感覺很爽快又超幸福的白蘿

蔔湯。」五股五權店店經理林立偉說，從董事長對這碗蘿蔔湯品質口味與熱度的堅持，足可印證鬍鬚張能成功經營五十年，絕非浪得虛名，更不是僥倖得來。

再者，顧客是在門市用餐，桌椅碗筷、室內空氣流通，以及門市的衛生檢查標準，都是影響產品品質的關鍵。因此要瞭解鬍鬚張，對於產品品質的堅持，還必須深入門市一探究竟。

走進鬍鬚張任何一家門市，首先會看到自動門上，貼了一張GSP優良服務標章。這是經濟部商業司所提倡的一個認證，GSP是Good Service Practice的縮寫，中文的意思是「優良服務作業規範」，是針對商業、服務業關於經營管理、服務品質及顧客滿意等的認證制度，必須通過認證才能貼上標章。

就營業環境而言，GSP認證即意謂著衛生、服務、安全等均合乎標準。比如在每個洗手台處，設有拭手紙、洗手乳、消毒器等。認證場所須設有滅火器、逃生圖，廚房與賣場空間，要有明顯區隔、廚房使用濾油網等，都是評核作業要點之一。

門市風格復古現代並融

鬍鬚張門市風格，以復古設計為主，下牆面使用仿古的二丁掛，再加上木雕窗花，和牆上字畫，古意十足。另一方面，鬍鬚張是現代企業，為展現其不斷創新的精神，門市設計中亦加入大量近代建築的建材，如玻璃、白鐵與鋼鐵材料等，讓復古與現代並融。

尤其是在廚房與攤部，包括牆面、設備、廚房水溝蓋等，一律採用白鐵（不鏽鋼）材質。白鐵的優點是美觀、不易氧化，且耐蝕性佳、具耐久性、耐高溫與耐火性、耐震性，以及表面可以杜絕細菌滋生，廣為食品、衛生或是醫療產品所使用。鬍鬚張的廚房和攤部，以白鐵打造，除了方便人員清洗外，也維護人員使用安全。

營業處副總向文章說，由於食材與碗盤的清洗工作，都在廚房進行，所以這裡的地板設計，也與賣場不同。加設有擋水和排水功能之外，地板使用的是較止滑的板岩磚，確保每一個在鬍鬚張工作的人，都能有工作安全的保障，防止發生滑倒的意外。

乾乾淨淨整整齊齊

餐飲業最為人垢病的油煙問題、廢水問題，鬍鬚張也有妥善的處理設備。「廚房使用煙罩、風管、排煙風車，和目前去除油煙污染最為理想、經濟有效之設備——靜電機。可處理一微毫以下的微粒，且集油效率高達百分之九十以上，用來排除門市作業產生的油煙，非常環保。攤部上方另外有透明玻璃製成的防煙垂壁，有集熱作用，避免煙霧向賣場瀰漫，也使賣場與廚房明顯區隔。」一向文章進一步說明。

在廢水處理方面，鬍鬚張廚房內的設備，皆為單管單排，也就是每一個排水系統，都有自己的獨立水管，若有一個系統阻塞，其他的排水也不會受到影響，亦不會有水量過大排水不及的現象。排水管線均設置符合政府規定的截油槽，分層過濾水中菜渣、油垢，不會把菜渣、油垢排入水溝中。

鬍鬚張對於廚房和攤部的整潔，要求相當高。每天打烊之後，員工都要花大量的時間進行清潔工作，把廚房和攤部收拾得乾乾淨淨、餐具擺放得整整齊齊，才算完成一天的工作。

一般門市營業的時間，是從上午十點一直到晚上十二點（最晚到凌晨一點半），但員工在九點鐘，就要開始準備。包括洗菜、揀菜、煮飯等工作，鬍鬚張規定員工，青菜必須經過三道清洗過濾的程序，光清洗的水槽就有三個。因為門市青菜用量很大，為避免一次洗好的菜，泡在水裡會爛掉，使用的籃子可以漏水下來，避免放菜的平台積水，平台還設計排水的功能。

視品質為企業命脈

相信很多消費者在餐館用餐，都曾經發生在菜餚中出現頭髮，甚至刷鍋子的鐵刷屑等情況。鬍鬚張為避免這類情況發生，在廚房工作的員工，一定要戴網帽、口罩，前後頭髮都要塞入網帽內，不能露出。洗碗則由高溫高壓洗碗機代勞，所使用的洗碗機，機型與晶華、君悅等五星級飯店相同；所有的碗筷皆會浸泡過，透過洗碗機高溫洗滌，衛生安全有保障。

鬍鬚張視品質為企業命脈，衛生、安全則是餐飲服務的基本條件，所以制定一套嚴格的品質標準和管理制度。在工程設備各方面也都從衛生、安全的角度出發，目的就是要讓顧客吃得放心，員工工作也能安心。

為讓多店管理能有一致的品質標準，除採用HACCP管制系統，鬍鬚張內部亦制定店務稽查系統，由負責主管定期與隨時巡視門市的賣場、攤部、廚房、辦公室，進行稽核查檢，甚至評分競賽。

向文章強調：「除了最基本的桌椅、地板、櫥窗、調理台都要清潔無污垢、不油膩之外，包括客人看不見的地方，如蒸箱要清潔無異味，飯鍋、鍋蓋及飯巾，不能泛黃卡垢或破損。就連後巷整理整潔，都列入查檢項目，後水溝、沉澱池更要求每日清通，不能發出任何異味。」

整齊乾淨的店舖，加上嚴格的衛生管理，讓鬍鬚張營業五十年來，從未發生過任何違反食品安全或食品中毒事件。因為所有不安全的因素，都在一致化的過程中消除。

鬍鬚張的廁所文化

鬍鬚張認為廁所既是生活中重要的設施，也是餐飲店內使用頻率很高的地方。其重要性應該等同供應餐飲的廚房，做到不髒、不亂、不濕、不臭，是最起碼的水準。副總向文章表示：「鬍鬚張各門市的廁所，不但要好看，

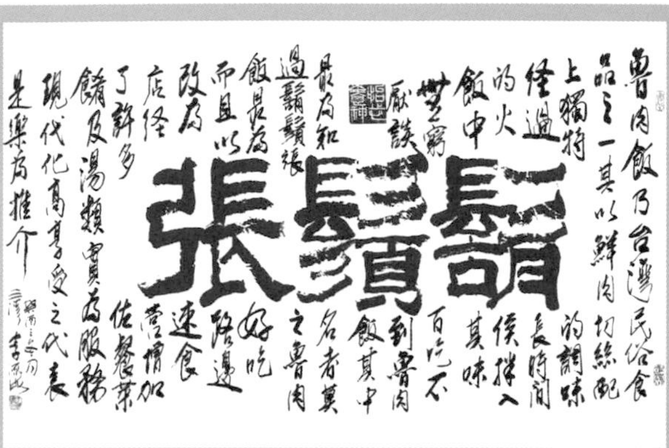

▲鬍鬚張門市牆上懸掛「鬍鬚張魯肉飯」的由來字畫。

▼熱燙燙會冒煙的鬍鬚張白蘿蔔湯，邊喝邊冒汗感覺超幸福。

而且也要好聽、好聞、好用、好乾淨，使用起來充滿舒服雅緻的感覺。」

好看——燈光明亮，器具整齊排放，牆面有掛畫或盆栽佈置；最特別的是還掛有一篇激勵同仁的「生活加油站」短文或語錄，每週更換一篇，目前編號已三百多；將近七年持續勉勵同仁，已形成鬍鬚張的廁所特色文化。

好聽——配置音響播放蟲鳴、鳥叫、流水潺潺的音樂，讓使用者有如置身於大自然氛圍中；

好聞——徹底清潔，改善抽風機讓空氣流通，放置大家比較能接受的芳香劑；

好用——提供掛勾、置物空間、衛生紙等；洗手台另備抗菌洗手液、拭手紙，及一面大明鏡。

好乾淨——地板乾燥又無腳印污垢，廁所裡裡外外皆乾乾淨淨。

向文章更要求，負責清理廁所的同仁，要「對待廁所如照顧嬰孩般的呵護，仔仔細細從頭到腳，任何死角都付出全心全意來清洗」，讓每一家門市的廁所煥然一新，使顧客感受到鬍鬚張熱忱的服務文化，及用心經營的風格。

此外，同仁也要以「歡迎來我們的店裡，有沒有用餐都沒有關係，上個

廁所也可以。」的態度，來貫徹體貼服務的經營理念。

一個單位主管如果連洗手間，都能管理得很整齊、乾淨，這個單位大概差不到哪裡去。同樣的情形，做為服務業的飯店、餐廳或機場，其服務是否夠水準？我們只要進入其洗手間一下，則高低立見分明。包括洗手間在內，鬍鬚張都以較高的標準自我要求，但實際做到了多少呢？歡迎您親臨鬍鬚張各家門市分享廁所文化，並為廁所打個分數吧！

●與其有一千萬個潛在客戶，不如有一百個滿意的舊客戶。

——西洋諺語

FORMOSA CHANG

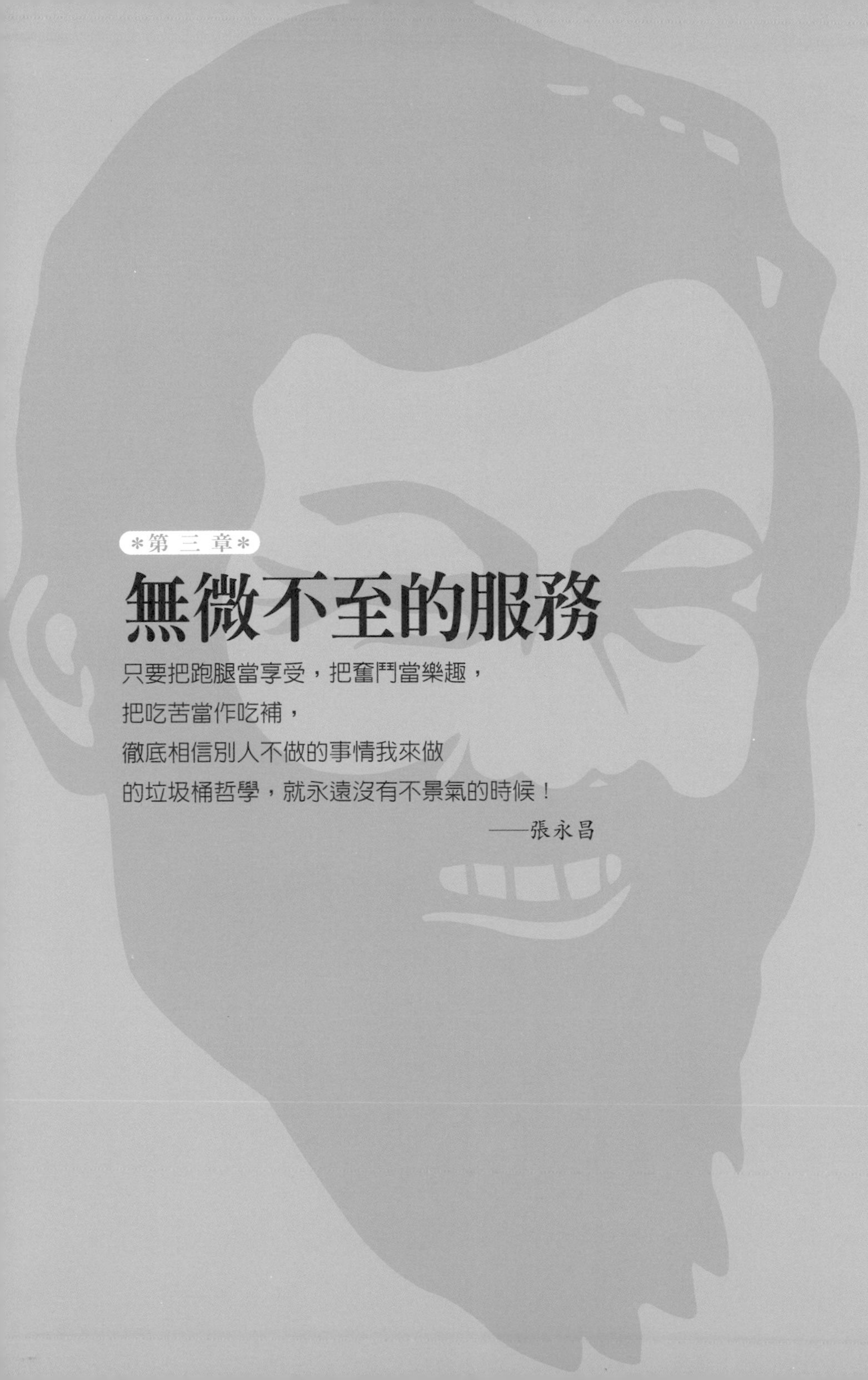

第 三 章

無微不至的服務

只要把跑腿當享受，把奮鬥當樂趣，
把吃苦當作吃補，
徹底相信別人不做的事情我來做
的垃圾桶哲學，就永遠沒有不景氣的時候！

——張永昌

一分鐘熱湯燙上菜

鴻海總裁郭台銘說過，「在今天的世界，沒有『大』的，打敗『小』的，只有『快』的，打敗『慢』的。」想要在商場、職場上掌握贏的先機，就要比別人更快、更有效率，用最少的時間，完成最多的事。

競爭靠速度，勝敗靠服務

二十多年前，訴求快速、美味的速食業強勢興起，迅速擴張，就是「快的打敗慢的」實例，在國內餐飲界引起極大震撼。然而，這股「競爭靠速度，勝敗靠服務」的趨勢，愈來愈明顯。現代人生活步調快速，且事務繁多，永遠覺得時間不夠用，每分每秒都很重要。能夠用在飲食的時間有限，無不希望能在最短的時間內，享受到美味食物，填飽肚子。

營業處副總經理向文章表示：其實路邊攤的性質，與速食業相似，顧客

會選擇到路邊攤，而不是餐館用餐，往往是因為路邊攤，可以很快的滿足其用餐需求。他坐下來叫一聲：「鬍鬚A，魯肉飯一碗，再來個苦瓜排骨湯。」大約一分鐘的時間，飯菜餐點就上了，顧客可以很快的吃完，付了錢離開，完全不需要等待。

以路邊攤起家的鬍鬚張，很早就知道，要「急顧客所急，尊重顧客的時間」，所以後來發展成連鎖事業，亦以「中式速食」自我定位。向文章說：「鬍鬚張就是快速的小吃，顧客進來隨意點飯、菜、肉、湯，要豐盛、要簡單都可以，所點的產品要在一分鐘內上第一道菜。這裡不是喝酒的地方，也不是喝下午茶的地方，我們不以滿足顧客的閒情逸致為主，而是滿足顧客對於效率的追求。」

親切快速滿足需求

「服務四快」為接待快、點菜快、上菜快、收碗快，是鬍鬚張一直引以為傲的特色，同時也是鬍鬚張成功的因素之一。因為速度快，在尖峰時段每桌的週轉率就會增加，平均十五分鐘週轉一次，讓離峰縮短尖峰拉長，自然業

績就能提升。

鬍鬚張如何落實這四快服務呢？

實際走一趟鬍鬚張門市，在自動門一開啟時，立刻就會看到一位穿著制服的服務員趨前，面帶微笑，以親切的口吻招呼入座，坐定時菜單已經放在桌上。點菜時，如果是老顧客，大概在進來前，就已經盤算好要吃什麼？但對於新顧客，或是不常來的顧客而言，要怎麼讓點菜的速度加快呢？

在鬍鬚張服務人員的訓練中，即包括點菜技巧訓練。服務人員對於公司產品，要有充分的瞭解，並主動掌握點餐氣氛，把最好吃及銷售排行榜第一名的產品，先推薦給顧客，如果顧客想要自己點菜，也會尊重顧客的挑選，不能做強迫推銷。

「先生（小姐），先來碗小的魯肉飯嗎？」

「青菜要水耕A仔菜，還是高麗菜？再來份筍絲魯好嗎？」

「肉類來份招牌醉雞或蹄膀好嗎？」

「來份龍髓湯或人蔘雞湯？」

「嫩豆腐、魯蛋要各來一份嗎？飯後再來份銀耳蓮子湯、薏仁綠豆湯嗎？

還是來一瓶仙梅汁？」這些推薦對於初來乍到的顧客很受用，對於很多每天要為三餐吃什麼？而傷腦筋的上班族而言也有幫助。

服務員在顧客點完每項產品時，都會重新複誦，最後說：「謝謝！請稍等，馬上來！」轉身後即將菜單，傳達給攤部人員。接下來，就是一分鐘上菜的重頭戲了。

顧客導向碗碗熱燙

鬍鬚張出菜速度之快，常讓客人嚇一跳！

幾乎是話一說完，菜就上桌，而且碗碗熱燙，並不是把架上的冷菜飯端來。「其秘訣有三：完善的開店準備作業，備妥八成至九成的食物；老手擔任攤部人員，熟能生巧；以及出菜台上，不論數量多少，務必先端至顧客面前，非等到產品到齊才出菜。而只要出菜台上有產品時，服務員看到，就會詢問是哪一桌的？並代為送達，不會延誤出菜時間。」向文章娓娓道來。

從「產品一出即上菜」這一點，就可以看出鬍鬚張的服務是顧客導向。

舉例來說，一桌點了五項產品，服務員等五項產品都齊了，再用托盤一

次送達，只要跑一趟就可以；如果五項產品，分三個時間放上出菜台，他就必須跑三趟。從服務員的角度來看，前者的做法，比較省時省力；可是對於顧客而言，後者的做法，可以在最短的時間內，就吃到第一樣菜，一邊吃一邊等其他產品，當然比坐著乾等的感覺舒服，而且產品一出即上菜，也才能保證碗碗熱燙，不致在出菜台上涼掉。

常在尖峰時間到餐館用餐的顧客，可能都曾經遇到一種情況，前一桌的客人已經離開，桌面還是杯盤狼籍，服務員說：「你先點菜，等一下我再來收。」等到點的菜上桌了，才開始收拾前一位客人的碗盤。這種做法也是以服務員的方便為方便，沒有為顧客著想，在鬍鬚張是不允許發生的情況。

想在顧客前面的無價服務

向文章說：在鬍鬚張，收碗作業是最基本的工作，也是服務員接觸的第一項作業，必須確實依照作業標準操作，提供顧客潔淨的用餐環境。收碗的時間，是看到客人離開桌子結帳，門口服務人員喊：「謝謝光臨」時，立即收拾碗盤，五十九秒內收拾完畢為最佳。依照收碗程序：收拾地面、桌上垃

圾，由大至小收疊碗盤，集中菜渣，再全部送至洗碗區分類歸放處理。看到同仁在收拾碗盤，其他服務員，即應拿起抹布前去協助擦桌子，全程都要輕聲動作，不影響其他正在用餐的顧客。

此外，鬍鬚張也要求服務員，看到顧客剩菜、剩飯太多時，要主動詢問原因。在鬍鬚張南門店，就曾經發生一個小故事，有一位顧客點了魯肉飯和油豆腐，魯肉飯很快就吃完，留下油豆腐一口也沒動就買單。

服務員上前詢問：「為什麼油豆腐沒吃呢？」

顧客靦腆的說：「我不能吃辣，淋有甜辣醬的油豆腐不能吃……」店經理林鴻藝知道後，連忙道歉，並且馬上更換一塊新的油豆腐淋魯汁送上，顧客大快朵頤油豆腐後，滿足的離開。

向文章強調：對鬍鬚張而言，「好」的服務，是「有求必應」的服務；但「卓越」的服務，是能夠「想在顧客前面」的服務。真正體貼的服務，是在顧客還沒有提出要求之前，就預先替他設想周到。雖然只是一塊油豆腐，但鬍鬚張的體貼，顧客感受到了，這就是無價的服務。

沒有口水與汗水，就沒有成功的淚水。當機會呈現在眼前時，若能牢牢掌握，十之八九都可以獲得成功；而能克服偶發事件，並且替自己找尋機會的人，更可以百分之百獲得勝利。

——諺語

▲鬍鬚張黃金魯肉飯noodle Box。
▼鬍鬚張董事長張永昌（中），穿著深受年輕人喜愛的鬍鬚張潮T更顯帥勁。

接待大使爲您服務

有到過鬍鬚張用餐的顧客，都會注意到在店門口，有一位戴著紅色帽子別著徽章，繫著紅色領巾的人，面帶笑容招呼過往來客。徽章上面有著「接待大使」的字樣，這就是鬍鬚張為提供顧客，更優質的服務而設立的——接待大使！

凡事均要滿足顧客需求

這是在中西式餐飲業裡，都很少看到的服務。吃魯肉飯還有接待大使，在第一時間內招呼顧客、協助帶位、為顧客點餐。不但如此，接待大使還會針對顧客的不同需求，隨時提供服務，為顧客創造一個愉快、舒適的用餐環境。同時對於老弱婦孺、行動不方便等顧客，也會給予適當的協助。關於顧客服務有一句經典名言：「事先想顧客所想，做顧客所需，滿足顧客需求為

最優質服務。」鬍鬚張細心的想到，顧客在考慮用餐地點時，有時候需要一點建議和指引，接待大使在門口發放DM、介紹活動訊息，可以幫助顧客下決定。

同時，接待大使在引導顧客入內時，也可以更貼近顧客，觀察其需求，手上的東西是不是很多？是不是趕時間？有沒有帶小孩，需不需要兒童座椅？顧客數多或少，需不需要併桌等，都可以在顧客未開口之前，就先做服務。

讓顧客瘋狂轉介紹

鬍鬚張的接待大使，有時也提供顧客，比需要再多一點的服務。免下車點餐和看車（或停車引導）。由於鬍鬚張部分門市的位置，在熱鬧商圈或路口，如承德店、樂華店，很難停車，有些客人就這樣流失了。

營業處副總向文章表示：「於是總經理張世杰就想出，由接待大使解決問題的點子，顧客若想外帶，接待大使就會提供免下車點餐服務；如果想要入內用餐，又不知道車要停哪裡？告訴接待大使，他也會幫忙看車，或做停

車引導，讓客人安心用餐，不用擔心愛車被開罰單。」

「我在故宮博物院附近上班，是鬍鬚張多年的老主顧，因為承德店有幫客人看車的好服務，所以我常常會呼朋引伴，來這兒用餐。在鬍鬚張用餐，感覺很好，吃得很安心，不用擔心因吃頓飯，車子沒地方停，甚至得冒被警察開罰單的風險。這個服務最讓司機們稱讚！」開著黑色BMW名車的陳先生說，鬍鬚張為客看車的貼心服務，讓他最感動！所以常常來光顧，也經常向親朋好友推薦，鬍鬚張不只魯肉飯好吃，貼心的服務，才最使人喜愛。難怪每逢午晚餐，用餐的尖峰時段，鬍鬚張不只門庭若市，還常有一位難求的盛況。

鬍鬚張設立接待大使之目的，是要透過接待大使的接待，與內場服務相互配合，讓整體營運能更快速、親切。例如接待大使在顧客入內前，先提醒內場服務人員，入內的顧客數，內場服務人員，就能立即應變，帶顧客到適合的座位。接待大使是鬍鬚張「提供顧客最大的附加價值，超越顧客之期待，讓顧客也瘋狂」的秘密武器，所以鬍鬚張對於接待大使的教育訓練非常重視，例如對於儀態與站姿會要求：

一、平視、左右觀看，眼神柔和；二、收下巴、勿往上抬，嘴角上揚、笑容燦爛；三、肩膀呈水平，不歪斜；四、挺胸、縮小腹；五、雙手掌交叉置於小腹前（右手掌在上、左手掌在下），拇指不外露；六、雙腳微開一個拳頭寬。

這些非常細節的規定，都是為讓身為第一線服務人員的接待大使，在顧客面前有最佳表現。因為接待大使的一舉手一投足，都會影響到鬍鬚張在顧客心裡留下的印象，接待大使的形象，就是鬍鬚張的形象。

創造口碑行銷的利器

為鼓勵內部員工，發揮「顧客至上」的服務精神，落實接待大使的任務，在第一時間提供顧客優質的服務，鬍鬚張經常舉辦「接待達人選拔活動」，每家門市早、晚班各提報一名接待大使參加競賽，由公司主管組成評審團，兩人一組，依據參賽人員上班時間，隨機到店評核，為每一位接待大使打分數。

接待大使的成績達八十分，即可獲得合格徽章，未達八十分者，則要參

◀導引看車服務，深受大家喜愛。
▶接待大使是鬍鬚張讓顧客也瘋狂的秘密武器。
▼2008年11月21日鬍鬚張獲頒全國優良商業服務人員獎狀。

加教育中心，安排之接待大使回訓課程，並於兩個月後安排第二次評核。而成績在九十分以上者，即優秀的接待達人，除於公開的會議中，頒給「特優」榮譽徽章外，還會給予增加職能積分和津貼等獎勵。

有一句話說：「顧客後面還有顧客，服務的開始，才是銷售的開始。」鬍鬚張設置接待大使的服務，不但是一種創新，也是創造口碑行銷的利器。例如，有人因為接待大使熱情的招呼，而走進店裡，用餐後就在網誌上大力推薦：「在這景氣低迷的時候，很需要像鬍鬚張這樣的熱情！」親切的接待大使，的確讓鬍鬚張更具有吸引力！

● 最有希望的成功者，並不是才幹出眾的人；而是那些最善利用每一時機，去發掘開拓的人。

——古希臘名哲學家・蘇格拉底

三禮八卦

在肯．布蘭佳（Ken Blanchard）和雪爾登．包樂斯（Sheldon Bowles）合著的《顧客也瘋狂》一書中，提到：「任何一個做好顧客服務的團體，都有一套完整的制度。他們會設計一套訓練課程，用教育的方式，把這套制度，變成整個團體的靈魂，只有這樣，才能保證顧客服務的持續性。」

招呼禮、道謝禮、道歉禮

對連鎖企業而言，服務不只要有持續性，還必須有一致性，也就是要讓顧客，不管走進哪一家分店，感受都一樣。

鬍鬚張營業處經理黃達昌，在加入鬍鬚張之前，曾經營火鍋店，對於中式餐飲的經營管理，自有一番心得。他說：「中式餐飲的服務，都很難做到一致化，特別是中式小吃，通常只有老闆會打招呼，一般服務生，就只是完

成自己份內的工作，這是觀念的問題。」

尤其是對於年輕世代的新進員工，因為從小受到的禮儀訓練，不若上一代嚴格，對於人際關係應對進退的技巧不夠熟練，即使有心要為顧客服務，也不知道眼睛要看哪裡，手要擺哪裡，要說什麼話？

為讓全體工作夥伴，有一個明確的、具體的服務規範，以便推動一致化的服務，鬍鬚張在一九九四年，展開加盟和直營雙線並進，推動連鎖事業發展時，即聘請專家企管顧問公司的歐陽鋑靈老師，傳授服務的標準。因此有了「三禮八卦」，及後來衍生出的「服務十訣」、「服務六到」，將服務規範口語化，成為一種行動，一種表情，一種習慣，以便傳達、傳承和學習。

營業處副總向文章說：三禮八卦是屬於基本服務禮儀，其中的「三禮」，強調的是姿態，包括表情和肢體動作，餐飲服務人員不分男女，都要有端莊的儀表，優雅的姿態，因為顧客可由姿態清楚的得知，你是否真心想要服務他、幫助他？

鬍鬚張的三禮即招呼禮、道謝禮、道歉禮：

＊招呼禮：彎腰十五度，看著顧客的鼻子（直視眼睛容易讓人覺得不禮

▲鬍鬚張魯肉飯是台灣小吃的榮耀，更是媒體爭相報導的焦點。

▼2007年7月3日魯肉飯節的老外評審團，至鬍鬚張美食文化館用餐。

貌、有威脅感），輕快地說：「您好」、「歡迎光臨」。

＊道謝禮：彎腰三十度，誠懇、微笑的看著顧客的眼睛，大聲說：「謝謝光臨」。

＊道歉禮：彎腰四十五度，目光落在顧客的鞋子上，小聲地說：「對不起」。

「在三禮中，鬍鬚張要求員工學習以彎腰的動作，向顧客表達尊重之意，同時也潛移默化一個處世哲學：彎腰，有時比站直更高。學習彎腰，同時也在學習柔軟的身段、謙恭的態度，不但是會讓對方感受到尊重，同時也會更願意尊重你。」向文章強調。

「八卦」拉近與顧客距離

而「八卦」則是八種語言，或稱為話術，向文章解釋說：「我們也叫這八種話術做『八卦丹』，取自以前有一種類似『仁丹』的進口成藥，外觀像銀色小珠，味道清涼，吃了就會提神醒腦、口氣清新。員工照八卦丹去服務顧客，就像含了仁丹，可以潤滑人與人之間關係，拉近與顧客之間的距離。」

到底是哪八句話呢？

一、歡迎光臨！

二、請坐，請坐！

三、不好意思，請稍候！

四、不好意思，讓您久等了！

五、是、是！好、好！是的、是的！好的、好的！

六、我知道、我了解！

七、這件事我負責！

八、謝謝、謝謝！再見、再見！

這不是最基本的服務話術嗎？的確，但是愈基本的，愈容易被忽略，鬍鬚張要求員工要熟記這八句話，而且說每一句話時的語調、眼神、動作，都必須反覆練習成一種習慣，習慣再成自然，就能在為顧客服務時自然流露，而不顯矯揉造作。

服務十訣與服務六到

三禮八卦是服務員的儀態和話術，「服務十訣」和「服務六到」，則是對優質服務態度進一步的闡釋。服務十訣是用台語寫成，內容為：

一、心燒燒（心要熱）
二、頭冷冷（頭要冷）
三、嘴甜甜（嘴要甜）
四、臉笑笑（臉要笑）
五、眼金金（眼要亮）

◆「臉笑笑、眼金金、耳尖尖、手快快」是鬍鬚張服務員遵循的工作原則。

六、鼻靈靈（鼻要靈）

七、耳尖尖（耳要尖）

八、手快快（手要快）

九、腰軟軟（腰要軟）

十、皮厚厚（皮要厚）

服務六到則是：

一、一般服務要做到

二、客人一叫就要到

三、客人揮手要看到

四、客人一動要知道

五、時時注意勤做到

六、完美境界可達到

服務十訣與服務六到的主要精神相同，都是要服務人員積極、主動、察言觀色；服務十訣更是全方位服務的概念。餐飲服務業人員要熱愛工作，熱心服務，熱情待人接物（心要熱），才能使顧客產生親近感，願意和你進一步的交流，且因為樂於助人，別人也樂於助你，處處有貴人。

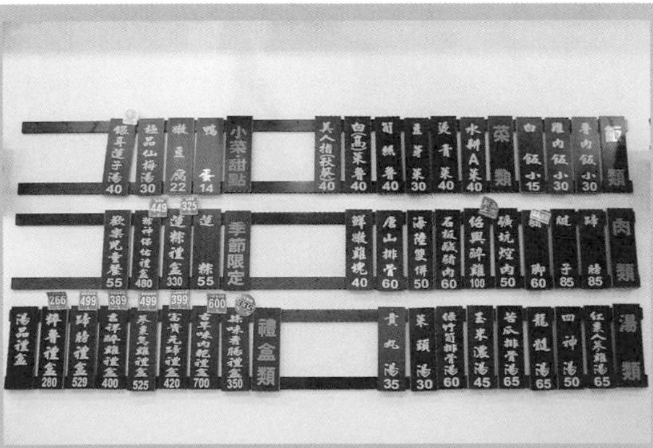

◆鬍鬚張店內古意盎然的價目表。

讚美像陽光感覺很溫暖

可是，服務不能一頭熱。因為服務員一整天的工作很繁瑣，需要有冷靜清晰的思路（頭冷冷），沒有情緒，沒有批判，遇到問題時保持冷靜客觀的態度處理，才能夠忙而不亂。也不會因為情緒化，而忘了服務的宗旨。

再者，為顧客服務時，要嘴甜、臉笑（嘴甜甜，臉笑笑），多讚美、多感謝，多微笑，就算有過失，客人也會願意原諒。如鬍鬚張董事長張永昌所做的比喻：「讚美就像是陽光，永遠會給人溫暖的感受；我們每一個人，都具有向陽性，顧客、員工，也都是跟著陽光走。讚美，是擦亮別人心中的鑽石，經常讚美顧客、讚美員工，他們就會朝著你讚美的方向前進。」

喜愛登山健走的他，又以山谷回音為比喻，當我們對著山谷喊：「你好棒！」回音會說：「你好棒！」

當我們對著山谷喊：「你真討厭！」聽到的回音也會是：「你真討厭！」說一句好話、一句讚美的話，就像口吐蓮花，令人喜悅，如沐春風。好話一句三冬暖，自然也就可以廣結善緣。在鬍鬚張，笑容更是員工的「必要條件」。張世杰說：「鬍鬚張不只提供食物，也提供親切的笑容、心靈的感

▲一句響亮的「歡迎光臨」，誠意十足感恩百分百。（攝影／張書瑋）
▶鬍鬚張以「急顧客所需，尊重顧客的時間」所設立的外賣點餐區。
◀鬍鬚張服務人員嘴甜、臉笑，讓客人有如沐春風之親切感。

動。我們用笑臉迎人，用笑來感染顧客，我們開心，顧客也會開心。」

創造出服務的感動

張永昌用自己在路邊攤時期的服務經驗舉例，他說以前寧夏夜市附近有一家賭場，客人常會在午夜時段叫他外送，每次他都以似跑百米般的最快速度，將最熱燙的美食送達。

送的時間一樣、飯菜熱度也一樣，但顧客的反應卻不一樣，偶爾就會板起臉來罵他幾句：「怎麼這麼慢啊？你偷懶啊？」（其實還比昨晚早到五分鐘呢！）

「今天湯為什麼不夠熱？回去換一碗！」

其實被冤枉的張永昌聽了，非但不會解釋為自己辯解，更不會頂嘴，依然帶著傻憨憨的笑容、嘴甜臉笑的說：「歹勢、歹勢，好好好，我馬上回去換。」

遇到顧客刻意為難，難道他都不生氣嗎？

張永昌笑說：「顧客會抱怨，不一定是東西不好，也有可能是他今天心情不好，就是要唸一唸，找人出出氣發洩一下。就像這些賭客，肯定是當晚

輸了錢，心情很不好，正巧我送外賣到，他們就隨口唸幾句，好消消氣。我們能做的就盡量做，稍微忍一下，就能留住客戶，為什麼不忍呢？事後客人也會覺得理虧，隔天還會多點幾道菜呢！這就是處理問題，要先處理對方的情緒。」

永遠都關注顧客的權益

張永昌再舉一例，佐證父親張炎泉，對顧客用心的感動故事。

「我當兵前體重是四十五點五公斤，身高是一六一公分；退伍後身高沒變，體重是六十公斤。可見當兵前，在做路邊攤生意時，因工作量大又忙，我有多瘦。每天，我以四十五點五公斤的體重，推著八十公斤重的攤車，上面再加上七十公斤重的湯品。最前面是我爸爸，推著重約三百公斤的攤頭車，中間是工人推著裝載木炭、火爐、桌椅、米、鍋碗瓢盆的『里阿卡』（兩輪推車），通常在下午五點時，會從台北市萬全街的家裡準備就緒，三人就一路浩浩蕩蕩，推到寧夏夜市來做生意。」張永昌娓娓道來。某次他為閃躲車輛，一個重心不穩，攤車整個翻倒在馬路上。

「慘了！這下完蛋啦！」顧不得自身有無受傷，驚慌失措的張永昌，當時腦門一片空白！他趕緊拜託路人合力，將傾倒在馬路上的攤車扶起，眼見流滿地的湯品，他真是欲哭無淚！那共有八十盅各式湯品，總價四千四百零八元。

張永昌心裡像掛著十五個吊桶般，七上八下、六神無主。「我趕緊飛奔回家處理善後，再快速推車趕到攤位，我本以為一定會被我爸罵慘，這一倒可是損失四千四百零八元啊！我緊張得快全身發抖。聰明的老爸當然知道，我發生什麼事？手腳忙碌的他，只嚴肅的說了句，你走路是沒長眼睛啊？趕快把湯弄好，不要誤了客人的時間……」他說爸爸全部心力，永遠都放在關注顧客的權益上。

而最高明的服務，是要在顧客尚未開口之前，就看見他的需求。因此服務員隨時都要眼觀四方（眼金金）、耳聽八方（耳尖尖）、掌握氣氛（鼻靈靈），比如說，顧客抬起頭向服務員張望，可能是要追加一碗飯，可能是筷子掉了，要再換一雙，可能是找尋調味料，也可能是找化妝室……如果服務員，可以在第一時間，注意到服務的時機，早一步滿足他的需求，就能創造出服務的感動。

魯肉飯可以吃得超有尊嚴

張世杰也會叮嚀服務員，要懂得傾聽，傾聽顧客說出來的，也要傾聽顧客沒有說的「弦外之音」。他說：「顧客的聲音，就是我們進步的方向；如果說表達是技術，那麼傾聽就是一種藝術；缺乏傾聽的能力，就像瞎子摸象，給的不是顧客想要的，造成『沒有需求的供應』，這就是浪費。」

服務員還需要有一副好嗅覺，嗅出整體環境是否舒適？有沒有奇怪的氣味？有沒有不愉快的火藥味？嗅出問題，進而解決，才能讓顧客有一場美好的消費經驗，由衷的發出：「哇，你們好體貼哦！」

「哇，魯肉飯可以吃得這麼有尊嚴！」

最後，為顧客服務時，手腳要敏捷，行動要迅速（手快快），不能有半點的怠慢，讓顧客有一種被在乎的感受。所以鬍鬚張要求門市服務員，「能跑就不要走，能走就不要站，能站就不要坐」，張世杰說，如果一家店的服務員，都是坐著等客人提出需求才動，那就表示這家店，快收起來了。

在快速之餘，還是要注意謙虛有禮的態度（腰軟軟），所謂「身段要軟，

手段要硬」，當然手段硬，不是強硬。而是對於每項標準流程，或對公司的決策，要毫不打折的努力貫徹，讓顧客能滿意，也就是「對的事情，絕對不打折扣」。誠如西洋名人伏爾泰所言：要在這個世界上獲得成功，就必須堅持到底；劍至死都不能離手。

讓更多人幸福感動

要有這種「硬頸」精神，當然就要有膽識、勇氣和打死不退的決心，也就是臉皮要厚（皮厚厚）的表現。餐飲服務人員，在門市送往迎來，是高度接觸人的工作，而人際問題百百種，每一種問題都需要勇氣面對。

張世杰說：「我們在經營人脈，我們要讓更多人幸福感動。所以一定要打破靦腆，打破自以為是，臉皮要厚到連飛彈都打不穿，就能找到很多好方法去服務顧客。同時，也要有勇氣和魄力，把好的東西推銷出去，不要把自己當作是『賣』東西的人，而是要當作『好東西要和好朋友分享』，我們是行銷，不是拐不是騙，不是偷不是搶，沒有什麼不好意思。」

所以鬍鬚張的員工，經常會為了行銷便當，到附近商圈做陌生拜訪；也

會為了行銷禮盒，到大公司的福委會，去做產品說明，行銷的過程中，難免會被拒絕、會被擺臉色、會被刁難，如果臉皮不厚，早就卻步。

但是，要怎麼讓臉皮變厚呢？

張世杰的回答是：「刀要石磨，人要事磨」，「刀經石磨，愈磨愈鋒利」，「人經事磨，才能精明練達」；「技術是由磨練來的，知識是累積下來的，勇氣則是淬鍊出來的」，用一句台語俗諺來說，就是「打斷手骨顛倒勇」，愈挫愈勇，自然對於一些小傷害，就不會在意，充分展現自信。

鬍鬚張透過三禮八卦、服務十訣、服務六到，統一服務工作，讓連鎖分店的服務標準整齊劃一。可是，服務人員卻不會變成像機器人一樣，重複同一個口令和動作，因為規定是死的，人是活的，服務人員與顧客之間，還需要情感互動的部分，才是名副其實的「用心待客」。下一節就讓我們來聽聽，鬍鬚張感動人心的服務小故事吧。

人生的意義，在理想的光輝中閃爍；生命的價值，在創造的生活中閃現。使人站起來的，不是雙腳，而是理想、智慧、意志和創造力。

——諺語

有情才會感動人心

大約在二〇〇九年初，有一位小姐打鬍鬚張〇八〇〇客服專線，說要找除夕夜，在昆陽店服務的女服務生，年紀大約是五十歲左右。

品保部副理張倉源接到這通電話，想要瞭解事情始末，遂問：「請問小姐為什麼要找她？是不是有什麼服務不周的地方？」

電話那頭連忙說：「不是、不是，我是要感謝她，謝謝她救了我一命。」在詢問之下，她娓娓道出一則感人的故事。

救命的菜頭清湯

她說，在除夕當天，她被公司裁員了！生活頓失倚靠，面臨失業壓力，心情非常低落，一時想不開，有了輕生的念頭。她當時走進鬍鬚張，打算吃完這最後一餐，就要結束生命。

FORMOSA
CHANG
CUT

▲燒就好呷，鬍鬚張董事長張永昌親自為您上菜。
◀料好味美充滿濃郁人情味的鬍鬚張菜頭湯。
▼鬍鬚張魯肉飯，是最美味的台灣傳統美食。

一直是台灣傳統
美食文化的縮影
相傳在東晉時
經濟貧困
晉元帝渡江到南京
其下隨從官吏
每每得到一頭豬
便以味道
最美的項下一臠
人稱為禁臠肉
用來孝敬晉元帝

所使用的材料
正是皇帝專享的

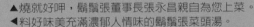

她點一碗飯、一盤菜，因心事重重遲遲未動筷。這時候，一位歐巴桑服務生走過來，輕聲地問：「小姐，菜快涼了，怎麼不吃呢？」她勉強擠出微笑回應，卻還是一口也吃不下。

歐巴桑連問兩次，第三次過來時，手上多了一碗菜頭清湯，對著她說：「沒有湯，不好下飯對不對？來，喝碗熱湯吧。」因為當時店內沒有其他客人，歐巴桑親切和她聊了幾句才離開。

就這樣短短幾句交談，讓這位小姐感受到，一股前所未曾有過的，來自陌生人的溫暖和力量，因此重拾勇氣與信心，放棄輕生的念頭。幾天之後，她又到昆陽店用餐，希望能當面謝謝這位歐巴桑，但撲了個空，才會想到打客服專線尋人。

張倉源聽完這個故事，立刻與昆陽店店經理聯繫，依據排班表查到這位歐巴桑，就是廖年祺，一位平常即熱心助人的阿嬤。當她聽到自己小小一個舉動，竟能挽回一條生命，感到非常開心，對於服務工作的自信心和自豪感，亦大大提升。此舉亦在鬍鬚張廣為流傳，大家都以廖年祺阿嬤為榮！

鬍鬚張不只是魯肉飯

鬍鬚張的創業宗旨是：「憑著一碗魯肉飯為夥伴、廠商、股東及廣大的顧客，創造人生幸福。」如何創造？

從這個故事就可以看出，以對待朋友的真誠、以對待家人的關心、以對待子女的溫柔，使得每一位走進鬍鬚張店裡的人，都能有一種回到熟悉的地方、被呵護的感覺。

因為具有這樣的氛圍，很多人會在這裡留下故事，對許多老顧客而言，鬍鬚張不只是一家餐飲店，更是人生中不可抹滅的記憶。

營業處經理黃達昌，在二〇〇六年擔任新莊店店經理時，因與忠誠顧客陳先生的短暫交談而感觸良多。他以「代代相傳代代淚」為題，分享一則故事，引言是：「別小看你手上那碗魯肉飯，它蘊含許多心情故事……。」

故事內容是，他在某個冬日準備打烊時，看見外賣檯前，站著一個熟悉的身影，趕忙招呼道：「陳先生，好幾天沒看到您了，怎麼這麼久沒來？」

這位陳先生是店裡的常客，經常會來替兒子買便當，那一天也是為了兒

子的宵夜，冒著寒風出門。他點了兒子愛吃的雞腿便當和一些配菜，雞腿現炸需要等候，黃達昌立刻請他在店裡坐，並為他送上一杯水。

他盯著牆上的名人錄，看了好一會兒，說起曾經在寧夏店，見過張永昌董事長，印象中「人很精瘦，聲音卻很嘹亮」。

「哦！您以前常去我們寧夏店嗎？」黃達昌好奇的問道。

陳先生點點頭說，以前追老婆時，常帶她去逛圓環夜市，幾乎每次都會到鬍鬚張吃飯，老婆很喜歡龍髓湯，他自己則是喜歡魯肉飯和赤肉。說完，他若有所思的停了好一會兒，才好像忽然回過神，說：「你們老闆不簡單！小生意到現在都變成連鎖企業了，越做越大，唉，日子過得真快，我兒子今年就國中畢業了，阮某嘛過身（去世）兩冬啊……」後來，陳先生乾脆給自己點了一碗魯肉飯回味，外帶便當完成時，他扒完最後兩口飯，感嘆說：「你們到新莊開店，方便多了，以前都要跑大老遠，老婆走了以後，就沒再去吃了……」因為趕著給兒子送宵夜，陳先生匆忙離開。

目送著陳先生的背影，黃達昌心裡想著：「原來自己每天賣的魯肉飯，在人的生活中，竟扮演這麼奇特的角色！」

▲老主顧侯雅菁（左二）女士，經常招待日本客人，來鬍鬚張用餐。
▼日商井上道太（右）與西野雅明，豎起大拇指稱讚：鬍鬚張魯肉飯很好吃！並感動得親筆題字。

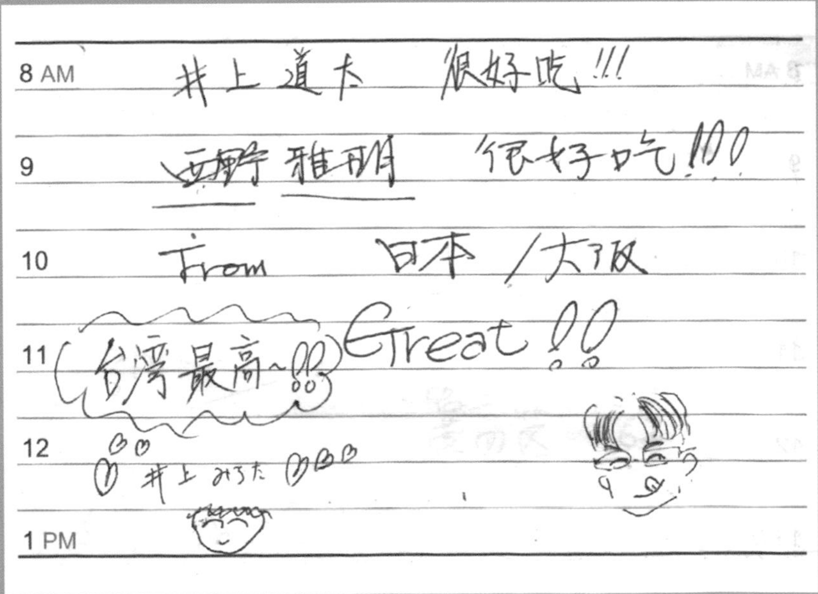

他在結語寫著：「陳先生在雨中踽踽獨行的畫面，至今仍印象深刻。那份親子的愛，對已逝妻子的濃情，顧客對公司特殊情愫，正是我們應珍惜，並繼續堅守的價值。」

提供客製化服務

鬍鬚張雖然講求商品和服務的標準化、一致化，但還是會依現場狀況，提供讓顧客感動的客製化服務。

例如張永昌的長子張廷瑋，在寧夏店打工時，提到有一位特別的客人，他聽得見但不會說話，每天下午大約三四點左右就會出現，來的時候會先點一杯水服藥，再開始吃飯。似乎是因為不能吃油膩的食物，他每次都是點白飯、清燙A菜（沒有加任何醬料）、苦瓜排骨湯——排骨和湯都不一定會吃，唯有苦瓜一定會吃完。

幾次之後，張廷瑋看到他，就會主動送上一杯水，再問他：「一樣是白飯、清燙A菜、苦瓜排骨湯嗎？」他一點頭，就立刻轉身向攤部唱單。不過，鬍鬚張在採購青菜時，會隨產季做調整，有時候是空心菜，有時候是青

江菜，不一定都是A菜；然而，這位客人又只吃A菜不吃別的，怎麼辦呢？

「無論如何，我們店裡都會為這位客人，特別訂一包A菜，而且就是為了留給他。因為在鬍鬚張有一個原則：顧客要的就是核心產品；很多顧客都要的產品，就是核心事業。」張廷瑋說。

連日商都讚不絕口

因為鬍鬚張會把老顧客，當做VIP般，提供客製化服務，讓這位有特殊需求的顧客能得到滿足。因此有將近一年的時間，這位客人天天都到鬍鬚張吃飯，這是多麼不容易啊！

一般人以為顧客滿意度，就是顧客忠誠度，但滿意的顧客，不一定會再次消費。因為顧客的心理，是喜歡新鮮事物，喜愛享受不同的體驗，如果沒有讓他非常滿意的產品、非常滿意的服務，他不會把這家店列為首選，更何況是三百六十五天，天天都來！

日岩帝人商事公司副理侯雅菁，不只是鬍鬚張的忠誠顧客，也是張永昌所謂的「最佳代言人」。她任職的公司位於中山北路二段，時常接待日商，平均一週會帶幾位日商，至鬍鬚張用餐一次。

侯雅菁副理表示自己全家都是鬍鬚張的老主顧，念高中的兒子，最愛吃大碗魯肉飯、玉米濃湯、外加排骨或香腸。自己則愛吃魯肉飯，跟喝苦瓜排骨湯。從事貿易多年，每逢有日商或國外客戶與友人來台，招待海外客人享用台灣美食的最佳選擇，就是到鬍鬚張享用，最道地能真正代表台灣本土美食的鬍鬚張魯肉飯。

不只東西好吃、乾淨衛生、店內裝潢新穎美觀、服務人員親切有禮、上菜速度快、享受美食整體感覺高貴，但價錢卻不貴，能讓賓主盡歡。吃過鬍鬚張魯肉飯的日商，都豎起大拇指誇讚：歐伊細（真好吃）！紛紛主動詢問日本有店嗎？今年三月曾來店用餐的日本大阪客戶，井上道太和西野雅明，驚喜表示鬍鬚張魯肉飯很好吃、很好吃！

侯雅菁欣慰的說：能讓更多國外朋友，享用最貨真價實美味可口的道地台灣代表性美食，使人念念不忘的鬍鬚張魯肉飯，自己也成功完成一次又一次漂亮的國民外交。

招待國外賓客到鬍鬚張吃魯肉飯，真是裡子面子兼顧，更能讓大家吃得

津津有味。開心愉悅又回味無窮的最佳選擇。

亞都麗緻服務管理學苑總經理嚴心鏞，曾經在演講中提到，顧客要的無非是希望能被了解他們「在乎的事情」，只要我們能投其所好、與顧客同聲同調，就能觸發顧客感動的花火，促成進一步的交易；所以要謹記「服務才是目的，賺錢只是必然的結果」。

鬍鬚張以感動人心的差異化服務，使顧客滿意進化到顧客忠誠，不但滿足了顧客，服務人員也能從顧客開心滿意的笑容中，得到成就感和心靈的豐實感——幸福，是雙方面的感受！

人生不是一支短短的蠟燭，而是一支由我們暫時拿著的火炬。我們一定要把它燃燒得十分光明燦爛，然後交給下一代的人們。

——愛爾蘭名劇作家・蕭伯納

顧客的聲音是天使的聲音

從事服務業的人都知道，不論多麼重視商品和服務的品質，不論多麼盡力的想要討好顧客，百密難免會有一疏。或者因為認知不同，造成顧客在「現實」與「理想」之間有所落差，因而產生不滿的情緒，進而投訴、抱怨。

顧客的聲音是一種肯定

許多從業人員，會視處理客訴為畏途，有些甚至會把投訴的客人，都當作「奧客」（差勁的客人），認為他們只是愛挑三揀四、找碴，想要藉由索賠獲取利益；如果有這樣的想法，對於客人的抱怨，不是充耳不聞，就是虛應了事，往往喪失改善服務、強化企業體質的契機。

這樣的態度在鬍鬚張，是絕對不允許發生。

「我在還沒來鬍鬚張任職前，曾經到店裡用過餐，當時服務生向我推薦

說，這個很好吃、那個也很好吃，可能是個人口味問題，我用餐後覺得沒有那樣好吃。從此我就不再到鬍鬚張，不過我也不會去講，就這樣兩年多……」現任鬍鬚張營業副總經理向文章，舉自身例子說明，顧客有形形色色，因個性不同，對餐飲的要求也不同。他進一步說，其實鬍鬚張的食物有口皆碑，但當時年少的他，就是因感覺問題，選擇「沉默的抗議」，從此不再到鬍鬚張消費。每每提及此事，大家都笑說，你個性很奇怪耶。他強調，所以不說話、不抱怨的客人，未必就是對您滿意的顧客。

客訴讓服務更顯周到

「客人會抱怨表示很重視我們，大部分的客人不願意多事，他們看到缺點，什麼也不用說，下次不要再來消費就好了，何況發現缺失，就是改善的開始。」鬍鬚張副董事長張燦文說，所以顧客的聲音，不論讚美或抱怨，都是天使的聲音；他們沒有選擇沉默或敷衍，對於鬍鬚張就是一種肯定。

張燦文提到，鬍鬚張目前受理的客訴案件，大部分都是因為誤會所造成。但仍會要求各單位人員，要在接獲客訴半個小時內開始處理，取得客人

諒解，且要處理到讓客人下次還願意來消費，才算完成。

因此，在鬍鬚張，重視顧客抱怨，已經成為一種文化：「門市同仁應迅速，而巧妙地解決顧客的問題。如果顧客的抱怨，換來的是令他們滿意的售後服務，那麼他們不但會成為回頭客，還會為我們介紹顧客。」

線上客服全年無休

鬍鬚張對於客訴處理的最大原則是即時，半小時內要開始處理，二十四小時內要處理完畢，絕不能拖延。張燦文比喻處理客訴問題如打火，在起火的當頭立刻處理，通常都很好解決；如果放任不管，星星之火足以燎原，當抱怨產生雪球效應愈滾愈大，就愈難處理。

因此，鬍鬚張的〇八〇〇專線，與網路線上客服都是全年無休，一天二十四小時，包含週末假日，都有專人排班負責，就是為了能夠即時圓滿處理，滿足顧客的需求。

根據鬍鬚張的調查發現，客訴事件如果能在半小時內即時回應，顧客滿意度會在百分之九十以上，時間愈長，滿意度愈低。超過一天才回覆時，即

◆道道小吃以龍頭之姿、在美食界佔一席地位之鬍鬚張多樣化的美味菜餚，最能抓住老饕的味蕾。

▲唐山排骨

▲魯豬腳

▲玉米濃湯

▲海陸雙拼（香腸、蝦捲）

▲嫩豆腐

使贈送再多的禮物道歉，顧客滿意度，可能還是不及百分之六十，因為他會覺得這個企業，怎麼這麼沒有效率？

曾經有一位年輕的女性上班族，中午到民權店用餐，點了魯肉飯、青菜、豆腐和一碗竹筍排骨湯，正當她對食物的味道，和上菜速度都覺得滿意時，她喝了一口湯，發現湯竟然只是溫的！

這位女顧客因為已經吃了一些竹筍，加上臉皮薄，不好意思向服務員反映，乾脆就把湯喝了。她回到公司後，找到鬍鬚張的網站，看見客戶服務裡，可以留言投訴，就把喝到不熱的湯之事留言抱怨。

不到三十分鐘，她就接到民權店店經理葉雨純的道歉電話，且堅持要當面致歉，退還竹筍排骨湯的錢，再致贈一碗甜湯。這位顧客不但完全接受道歉，還有一種受寵若驚的感覺，更在自己的網誌上，大力推薦朋友到鬍鬚張用餐。因為她萬萬沒有想到，自己的留言投訴，竟然會受到鬍鬚張，如此快速且高度之重視。

效率最高的手機簡訊

為了加速訊息的傳遞，鬍鬚張選擇傳輸效率最高的手機簡訊，建立內部簡訊系統。總經理張世杰說：「簡訊系統有兩個用意：一做為傳遞客訴訊息使用，二做為臨時緊急的宣達。當顧客到網路留言投訴，或者打〇八〇〇專線，由品保部人員接聽後，建立文字資料，立刻就會透過E-mail和簡訊，將訊息直接傳遞給相關負責人和主管。譬如門市經理、區主管，以及副總級以上的高層，門市經理也會立刻前往處理，並回報簡訊。」

簡訊系統報憂也報喜，例如顧客在接受服務後，覺得鬍鬚張在不景氣的大環境中，猶能維持熱情的服務，難能可貴，他大受感動。回家後就上網留言大表稱讚，這則留言也在第一時間，運用簡訊傳遞系統，傳到所有鬍鬚張主管的手機中，使人員士氣大受鼓舞。

然而，顧客投訴不管是透過電話或網路留言，甚至是當面，都可能因為在氣頭上出言不遜，顧不得禮貌。服務員也是人，也有情緒，遇到這樣的客人，該怎麼辦呢？

總經理張世杰引用一則名言回答：「心胸寬大的人，不會因為別人兩句不禮貌的話，就颳起狂風巨浪；也不會因為別人不禮貌的行為，就在心底刻下無法磨滅的傷痕；像清澈的潭水一樣，雲過了，不留痕跡；像堅韌的竹子一樣，風過了，不留痕跡。」

他說，服務人員要有寬大的心胸，只要想著對方不是有意，而是「愛之深，責之切」，因為太急著要把缺點說出來，好讓我們改善，太希望看到我們變得更好，所以心直口快，實際上「刀子口，豆腐心」，能這樣想，就會一笑釋懷了。

張世杰說，無論如何鬍鬚張，都會站在顧客的觀點來看事情，力求改善缺失。「不要讓今天的抱怨，成為明天的負擔；而是要讓今天的抱怨，成為明天進步的動力。」因為好還要更好，就是鬍鬚張追求的。

人必須像天上的星星，永遠很清楚地看出，一切希望和願望的火光，在地上永遠不熄地，燃燒著火光。

——俄羅斯名作家・高爾基

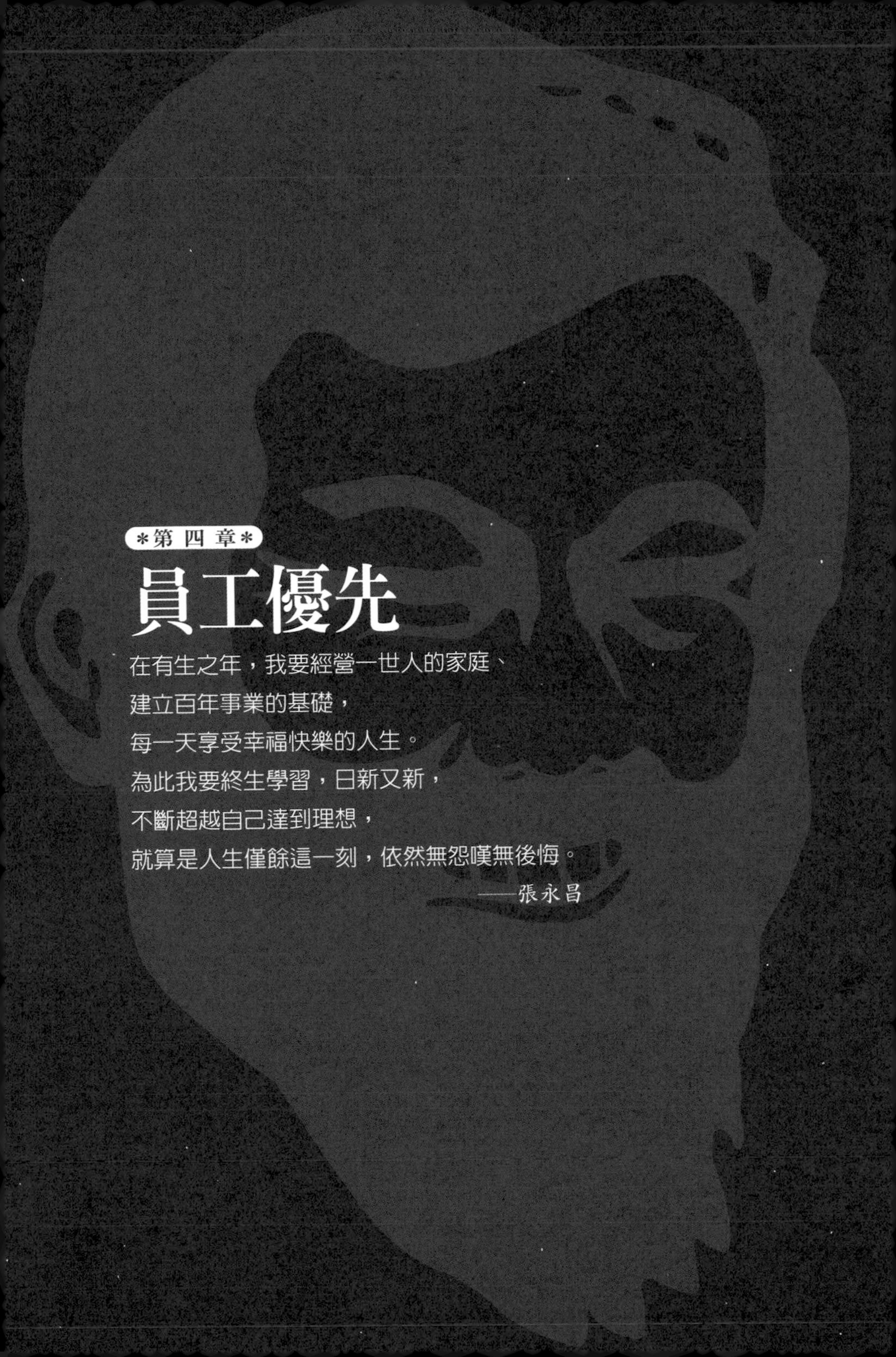

＊第四章＊

員工優先

在有生之年，我要經營一世人的家庭、
建立百年事業的基礎，
每一天享受幸福快樂的人生。
為此我要終生學習，日新又新，
不斷超越自己達到理想，
就算是人生僅餘這一刻，依然無怨嘆無後悔。
——張永昌

計劃經營，責任中心

早在一九八六年以前，鬍鬚張董事長張永昌，獨立管理一家有五十二名員工的店時，心裡就開始有著一個想法：家大也應該業大，而事業要大，不能只靠自己家族的人，還需要建立制度、延請專業人才。因為就算張家五個兒女、四個媳婦，全都投入魯肉飯的事業，最多也只能經營十家分店。

幸得副董張燦文如魚得水

然而，一來將所有雞蛋，都放在同一個籃子裡的做法太危險，萬一事業不成，全家人都受波及；再者，光靠這些人的力量還是不夠，以現在鬍鬚張的規模來看，要有八百位員工，才能維持正常運作，一個家族哪裡去找八百人呢？但是，人進來了之後呢？

要如何讓他們，不是以員工、領一份薪水的心態工作？

要如何讓他們對這份事業，產生強烈的企圖心？

要如何讓這些非家族成員，也能像家族一樣同心協力，且百分之百的投入？

更重要的是，如何讓事業的生命無限，在人的生命結束時，仍然可以穩定的、持續的經營下去？

後來，他在聽完當時擔任震旦行副董事長張燦文，以「責任中心制度」為題的一場演講後，找到了解答。他知道企業發展，需要像張燦文這樣的能人來幫忙，第二天就鍥而不捨的打電話求教，請他幫忙。當時張燦文心想：「賣魯肉飯的也敢來找我？」

就告訴張永昌：「我是很貴的，沒有年薪五百萬元，一部車子和專屬辦公室，是不會去的。」張燦文認為一家企業，若無法提供這些條件，就不值得自己去投注心力。

他以為這些條件，會讓張永昌因而打退堂鼓，沒想到這位從路邊攤起家、只有國中學歷的年輕人，竟然說：「好！」

他被張永昌的積極與企圖心所感動，也很好奇到底是什麼樣的魯肉飯

店，會有這樣的領導者？當下即驅車前往寧夏店址，進而與張炎泉、張永昌父子見面，之後便以顧問的身分加入鬍鬚張，並在張燦文從震旦行退休後，張永昌即延攬其擔任鬍鬚張副董事長一職。

張燦文回憶一九八六年加入鬍鬚張時，幾乎是什麼制度都沒有，包括張永昌本人對於經營理念、資本額、會計制度、財務制度等都搞不清楚，人事管理制度亦不健全，權責劃分不清。由於父親張炎泉觀念保守，張永昌亦不敢躁進，光是收銀模式，從老闆娘收錢，改由請來的小妹收錢，就產生很大的衝擊，掀起數波家庭革命。

創造願景不要擋路

然而，在張燦文為鬍鬚張，建立了經營計劃書、目標管理、責任中心制度及獎懲辦法之後，鬍鬚張慢慢步上正軌。張燦文不但是鬍鬚張的靈魂人物，也是張永昌的人生導師，張永昌常說：「張副董是鬍鬚張改變的最大助力，沒有張副董，就沒有今日的鬍鬚張！」

那麼，什麼是計劃經營、目標管理以及責任中心制度呢？

▲鬍鬚張副董事長張燦文，是企業的靈魂人物，更是全體員工敬重的人生導師。
▼鬍鬚張董事長張永昌（中）、副董事長張燦文（左）、總經理張世杰（右），一起歡慶五十週年。

張燦文解釋，其實這三個名稱，指的是同一件事，就是一套管理系統與方法，以促成企業內各階層經營者，都能夠自己設定目標、自己計劃、自己執行，並且不斷地自己檢討改進。

他比喻過去由上而下的權威式管理，就像傳統的老火車頭，死拖活拉著後面長長一列的車廂，沒有效率，政策也無法貫徹。而責任中心制度，則是像高鐵火車的道理，在每節車廂上，都裝上高效率的動力推進器，速度當然快上好幾倍。

責任中心制，也是一種授權經營。被喻為「全球第一總裁」、「美國最厲害的老闆」的前奇異總裁傑克．威爾許（Jack Welch），他的領導秘訣之一，就是透過授權激發員工潛能。他認為，真正的領導者是「創造願景，不要擋路」，通過「讓權」和「分權」來取得自己的權力，並讓每一個員工，都能發揮出最大的才能，鼓勵他們實現自己的抱負。如此一來，員工才能激發出使命感和責任感，擺脫「替老闆做事」的舊思維，發揮出最大的潛力。

鍋裡有，碗裡就會有

傑克．威爾許也說，要做到充分授權，必須先讓員工具有「所有權感」，也就是讓員工覺得，公司不是屬於老闆一個人，而是屬於公司每一個人。員工會為公司的成功，而感到喜悅，為公司的失敗，而感到痛苦。

這個理念符合張永昌的理想，他延請張燦文為鬍鬚張，建立責任中心制，就是為了創造「利潤共享，人人都是老闆」的願景。每個部門、每家門市，都像是大企業裡的小公司，各有其目標，各要為其業績、利潤、投資報酬，去負起應負的責任，而公司的財務報表損益，也都是透明公開的。

他更讓每一個員工，都知道「鍋裡有，碗裡就會有」，當企業目標達成時，個人也絕對不會被虧待。從另一個角度來說，則是「鍋裡有，碗裡才會有」，也就是激勵員工「把餅做大」，設定更高的目標，規劃詳細可行的計劃，按部就班執行、檢討、修訂，並堅持下去，讓企業不斷壯大，個人也能同蒙其利。張永昌說：「責任中心制，就是要讓個人與企業，成為一個命運共同體，達到你贏、我贏、他贏、大家贏！」的理想境界。

同時，責任中心制，對於培養企業接班人，有很大的幫助。當高層主管得到充分授權時，他就不再只是忙於日常的工作，而會設法抽出時間想未來，設定目標，不斷地往前看，而且愈看愈遠。

計劃經營不等於經營計劃

鬍鬚張如何實施計劃經營呢？張燦文進一步解釋，所謂的「計劃經營」，不等於「經營計劃」，後者只是寫出來而已，如果把目標訂出來，但不斷在改變，那就不是計劃經營。計劃經營，就是訂好目標後，只有在萬不得已的情況下才會改變，計劃一旦擬定，就是要徹底執行，執行之後再做檢討，然後擬定新的計劃，繼續改善。

實施的程序就是，先進行企業的經營診斷後，由上級暫定公司目標，部屬再以此根據提出自訂單位目標，雙方檢討之後達成目標共識，接著就是執行。然後期中先檢討一次，做目標增減，期末再檢討一次，最後執行完畢，公司再做全盤績效檢討，當目標達成時，公司就會給予獎勵。如果沒有達成，就會在檢討會議找出原因，做為下一個計劃目標的參考。

所以在鬍鬚張，每一年會有一至兩次，由每一位主管寫一封給總經理的信，提出年度計劃，這就像聘書一樣，一定要做。接著會做「目標發表會」，讓各單位主管公開承諾。每個月則會做一份，各單位目標達成情形的評核表，為各級單位打分數、排名次，從中選拔出最好的店經理。

此外每月會開一次主管會議，每週一次經營會議，每週也有一次店經理會議，主管每日還要填寫日報表，以電腦回報業績進度。這些都是要訓練每一個人自己計劃、自己執行、自己檢討改進的能力，以達到經營目標。

明確的目標產生明確的力量

為什麼設定目標，這麼重要呢？因為明確的目標，產生明確的力量。

張燦文舉例說，四年前鬍鬚張辦週年慶活動，推出「魯肉飯免費吃到飽」的促銷，當時因忘記公告各店的目標數字，結果第一天活動下來，四家起跑店業績不增反減，因為這四家分店沒有達成目標的動力，也沒有主動告知顧客，變成魯肉飯要請人家吃，都沒有人知道。隔天檢討時，發現是疏忽公告，經過重新為各家分店公告設定目標後，結果，第二天起的所有分店都達

◆以真心誠意獻上鬍鬚張道道美食，因為服務有情，客人感動品嚐。
（攝影／張書瑋）

▲深受消費大家喜愛的懷舊火車便當。
▶歡樂兒童餐吸引更年輕化的客層。
◀料好實在的焢肉便當，美味又滿足。
▼2010年5月鬍鬚張寶貝月活動，邀請蓬萊國小師生，至美食文化館享用歡樂兒童餐。

到目標。

日後鬍鬚張推出新產品時，都會為各分店設定目標。例如白菜魯、懷舊火車便當、歡樂兒童餐，都是因為有設立目標，才得到好績效。以白菜魯為例，在二〇一〇年二月底推出時，未設定目標，每天賣不到六百份，有些分店甚至掛零，或是只賣出一盤。到三月一日，設定日目標八百份後，第一天就賣出七百六十七份，只差三十三份。當時張燦文看到日報表的數字後，請區督導前往關心，第二天業績就衝到八百四十七份，這就是目標的力量。

勇於挑戰高目標的頂尖團隊

同樣的懷舊火車便當剛推出時，有些店也是單項業績掛零。張燦文後來提出目標：懷舊火車便當一個月要賣一萬個，平均一天要賣出三百三十個。隔天各店，就賣出三百七十七個。後來店經理又把目標提高，訂為六百零一個，隔天業績是六百五十四個，超越目標值，兩個月後，每天已賣到一千兩百個以上。

訂定目標加上獎罰制度，可以有效激發營業主管的企圖心，他們開始會

以單位目標挑戰總目標，例如白菜魯的業績目標，原本是一天六百份，張燦文要求七百份，營業主管就會說：「我們要做到八百份！」

「這就是士氣，表示組織氣氛對了，主管才會有這種勇氣。如果士氣不高、組織氣氛不對，主管的企圖心不足時，我說三百份，他們就會列出一串的困難點，說訂兩百份就好了。如果這樣組織就不會進步。」張燦文說。

而當下級單位，突破上級單位的目標，鬍鬚張會予以獎勵，除了獎金，也會準備一些禮物，並且公開表揚，增加員工的榮譽感和價值感。張燦文斬釘截鐵的說：「我們要用內部的士氣，對抗外面的經濟不景氣。事實上，我們用同樣的主管，在不同的時間，可以創造不同的業績，就看我們怎麼獎勵他？獎勵到他會感動為止，他就會成為不可多得的人才。」

他強調：「我們會給員工超乎想像的獎勵，就像我們給予客戶，超乎期望的服務。」無怪乎現在的鬍鬚張每一位主管都超乎想像投入工作、當作自己的事業在經營，因為他們在這裡，找到一個可以自由發揮、無限延伸的舞台。他們不只是要讓組織發光發亮，同時也在實現自我。

一家人主義

最好的管理，是要能讓同仁心服口服，我們前面所談的制度，都只能讓人「口服」，要讓人「心服」，還需要其他的方式。當同仁打從心裡服從領導、為企業效命，不但組織目標得以實現，還能創造出積極和諧的工作氣氛，吸引優秀人才的加入。

是家族企業也是企業家族

鬍鬚張的伏心之法，就是把同仁當作家人，將企業培養成一個大家庭，以「高感情」管理方式，贏得同仁的認同。延續張炎泉疼惜同仁的堅持，第二代領導人張永昌，亦秉持「一家人主義」原則，把所有的同仁都當成家人，將心比心的與他們互動，了解他們的想法和需求。他經常強調的一個觀念，就是：「鬍鬚張原本雖然是家族企業，可是我們已經轉變成企業家族。」

◀鬍鬚張董事長張永昌（右），從小要求愛子張廷瑋（左）、張書瑋，用餐嚴守飲食禮儀。

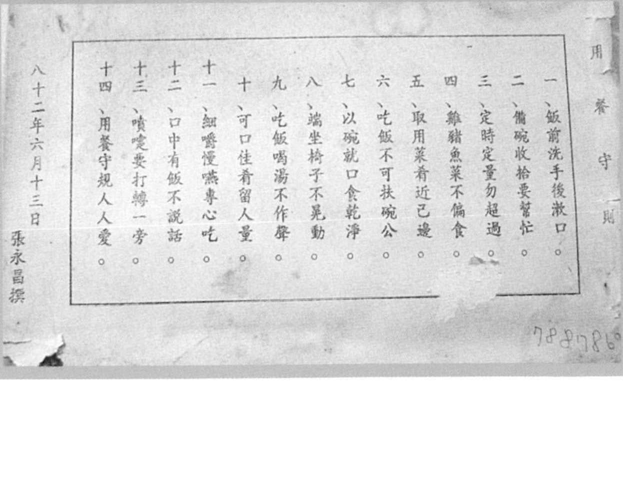

用餐守則

一、飯前洗手後漱口。
二、備碗收拾要幫忙。
三、定時定量勿超過。
四、雞豬魚菜不偏食。
五、取用菜肴近己邊。
六、吃飯不可扶碗公。
七、以碗就口食乾淨。
八、端坐椅子不晃動。
九、吃飯喝湯不作聲。
十、可口佳肴留人量。
十一、細嚼慢嚥專心吃。
十二、口中有飯不說話。
十三、噴嚏要打轉一旁。
十四、用餐守規人人愛。

八十二年六月十三日
張永昌撰

788786

◀鬍鬚張董事長張永昌，奉行不悖的用餐守則。

董事長張永昌，就是鬍鬚張的大家長，他就像個殷切望子成龍、望女成鳳，不自覺愛嘮叨的慈祥老爸爸。因為注重細節，經常在叮嚀同仁時「忘了時間」，同仁私底下會暱稱他「擱來啊！」（又來了），意思是又來嘮叨了。

在鬍鬚張服務已屆滿二十三年的營業處經理陳美玲打趣說：「以前自己在現場，看到張董來，是既興奮又想躲，原因是張董總愛，不厭其詳、不厭其煩的，一再重複已經講過許多遍的話。雖然能跟董事長面對面，是件榮譽的好事，但明明手上又有忙不完的事。」因此美玲遠遠見到董事長的身影，就忍不住要喊聲：「擱來啊！」聽同仁聊起董事長的這個暱稱時，沒有透露任何的不耐，反倒像是子女一邊說著父親嘮叨，一邊卻又珍惜被嘮叨的機會，因為知道是出自關心與愛。

張董暱稱「擱來啊！」

提及「擱來啊！」感受最深的，應屬張永昌的兩個寶貝兒子，現於寧夏店學習服務的長子張廷瑋，與剛退役不久的次子張書瑋。

「從我們懂事以來，爸爸就會時常告訴我們，誠實至上、目標設定……還

有嚴格的做人處事等諸多大道理。他人很好，不會對我們發脾氣，但他對生活上每個細節的要求都超級嚴格，比如我家廚房餐桌旁的牆上，一直貼著一張吃飯的用餐守則（見二三三頁）。小孩子嘛，吃飯哪裡會如此乖，可是爸爸一定會不厭其煩的機會教育。有時為了我們兄弟倆，都覺得那簡直是雞毛蒜皮大的一點小事，堅持原則的老爸總會花上整個晚上的時間，一直說明為什麼要這樣，還要我們兄弟白紙黑字寫下來……」張書瑋笑稱，現在長大了，當然明白慈父苦口婆心的用心教育，但當時兄弟倆心裡，難免也會犯嘀咕，暗叫「哦！又擱來啊！」

張廷瑋說現在自己也在寧夏店服務，「哈，當我知道我爸的員工，私下都管他叫『擱來啊！』時，我覺得好貼切哦！」

「我們是一起上『心動力』課程的同學。張董人超好，我們很喜歡他。但他有時候講話會很嘮叨，小他快二十五歲的我，就會像女兒一樣撒嬌大叫stop！可是張董還是會一直『擱來啊！』……」任職於旅行社的游淑媚打趣說，對這位忘年之交，鬍鬚張董事長張永昌而言，他的「擱來啊！」其實不是嘮叨、更不是囉嗦，而是一種源自內心，對人真誠關懷的不斷叮嚀。

待員工親如家人

「我在鬍鬚張任職十八年，當年因家境較清苦的關係，我求學時期，常以一顆白饅頭，配白開水裹腹過一餐。坦白講那時會來鬍鬚張工作，是因員工有免費魯肉飯吃，也不管薪水高低，衝著有免費魯肉飯吃，我就來了！如果不是感覺這像個溫暖的大家庭，我也不會像王寶釧，一待就是十八年……」在鬍鬚張深受董事長信賴、員工愛戴的營業副總向文章，早已在鬍鬚張成家立業。他直爽的道出，自己十八年前會成為鬍鬚張一員的故事。

自稱個性直爽，是非善惡分明的他，為人處事不似董事長般溫和圓融。「能力很強、處事嚴謹的文章，正因他擇善固執，敢做、敢言、敢挑戰，跟我的個性可互補，我很信賴他在工作上、在帶人上、在績效上的種種表現。有時他的當面直言，或許會讓我一時間感受不是那麼好，但他在對的事情上，敢直言、敢突破、敢跳脫，正是企業進步重要的動力。就像一家人般的坦率直言，希望好還要更好。」董事長張永昌連私底下裡，都會誇獎愛將向文章，認為是位可造就的人才。

美食文化館館長簡如敏，加入鬍鬚張已經第八年，她說：「董事長對待同仁就像家人，而且不是只對特定某些同仁，就連一般基層門市兼職的工讀生，他都很關心。」她舉例說，寧夏店今年有位同仁的爸爸罹患肝腫瘤，在榮總接受治療，因為想到董事長張永昌，有認識榮總醫生，簡如敏就打電話請他幫忙打聽一下醫生如何，可以提供什麼協助等。

那天晚上通完電話後，張永昌隔天一早就回電，說已經做了相關安排，並親自到醫院探望。「晚上我就接到那位同仁的電話，來電感謝，還提到媽媽對於董事長親自來探視，非常感動。當時我就覺得，董事長對於我們每一個同仁的關心，是不分職位高低的。我沒有待過其他公司，不曉得他們的主管跟同仁，是怎麼樣相處？可是在鬍鬚張，董事長或總經理，對我們來說都不是那麼遙遠，我們在講話和相處時，也不會感覺到有主管、部屬之間的距離，真的就像是一家人。寧夏店有位叫吳雅華的工讀生，在上班途中不慎意外跌倒受傷，董事長親自去醫院看她，驚喜董事長親自來關心她，感覺受寵若驚，深受感動的她，就在那邊哭個不停。」簡如敏說。

因為這份家人的情感，簡如敏要完成終生大事時，父母問她要找誰當媒

人？她想都沒有想，就說：「就找董事長和大嫂（張永昌的夫人）啊！」一經聯絡，發現張永昌夫婦那天，正好要帶台灣連鎖暨加盟協會外食產業委員會到韓國、日本參觀訪問，而且這次出國的時間，還是好不容易才排出來的。當時簡如敏以為要失望了，婚禮會少了兩位重要嘉賓，沒想到張永昌卻說：「不過這是鬍鬚張嫁女兒，我一定會想辦法，把時間排出來！」

張永昌夫婦不但陪著女方，從台北到嘉義完成訂婚儀式，也出席結婚喜宴，且善盡媒人責任炒熱現場氣氛，一直到宴客時才提早離席，直奔機場搭飛機到韓國，趕上參訪團的行程。

簡如敏回憶這兩場儀式，滿懷感謝，她說：「聽著董事長像爸爸一樣，在台上致詞，心裡覺得很感動。而且，真的還好有董事長跟大嫂，因為我爸媽是比較純樸的鄉下人，不太會公關交際，看到滿場的人，會不知道要說什麼？有董事長和大嫂在，整個婚禮的氣氛，變得更熱絡也更溫馨。他還和公司其他主管，一起穿糖果斗蓬，表演Sorry Sorry舞呢！」

親手折蓮花好生感動

「我母親在三年前，因為腦血管疾病去世，最讓我感動的是，在治喪約二十五天的期間，董事長親來四趟關心，公司主管也關懷備至。尤其讓我們全家人，永生難忘的是：依照習俗蓋在我母親棺木上，有一〇八朵蓮花的往生被，象徵迴向用的，就是由董事長和夫人碧芬女士，親手幫忙折的，若董事長沒將我當成家人對待，是不會去做這件事的。」品牌部經理韓德安至今提及此事，仍止不住滿懷感動。

而經常自稱是「鬍鬚張基本教義派」的副理張倉源，常說：「我一定會百分之百支持公司的政策，公司的任何政策、任何目標，只要設定下來，我一定努力去達成！」很難相信三年前，他會是一個對人生、對工作、對自己都意興闌珊，放縱肥胖纏身的人，而改變他的人，就是董事長張永昌。

不只重公事健康也要管

張倉源說，三年前他從企劃部，調到品保部，是人生最低潮的時候。他

在企劃部已經任職十幾年，所有工作都駕輕就熟，突然換領域，且不是自己喜歡的工作，整個人都失去活力，對工作也失去鬥志。

對自己、對工作、對感情、對家人，都持負面的態度。張永昌發現後一直找機會，說服他去上「心動力」課程。因為張永昌上過這門課後，覺得受益匪淺，希望張倉源去上課，讓自己變得更正面積極。

那五天的課程，確實讓張倉源改頭換面，彷彿把他心裡烏雲般的負面想法都清除了。在最後一天課程中，主持人要每個人把眼睛閉起來，當他眼睛打開，第一眼就看到張永昌，他突然激動說：「為什麼有人願意，花那麼多時間和精力，說服我來上課？為什麼世界上會有人對我這麼好！」想著想著，突然一陣鼻酸，他就抱著董事長張永昌痛哭。大概有二十年沒真正哭過的他，頓時情緒崩潰了……。

課程結束後，張倉源不但變得積極，對於自己所承諾的事情，也一定會達成。張永昌看到張倉源，參加公司每年例行性健康檢查的報告，幾乎是「滿江紅」，三酸甘油脂、血壓、體重、尿酸都過高，那一年他又因腎結石發作住院。張永昌語重心長地對他說：「你現在身體已經亮起紅燈，不能不注

▲賢淑的郭碧芬（左），不只是鬍鬚張董事長張永昌的愛妻，更是企業長青的最佳伴侶。（右為張永昌長子張廷瑋）

▼重視健康假日登山的鬍鬚張同仁們，於大崙尾走春合影。

意，我們來許一個對於健康的承諾，用一年的時間，把健康找回來，好嗎？」

張永昌以在心動力課程學到的方法，與張倉源長談擬定一連串減肥計劃，並約定一年之後，再做健康檢查，檢驗一年的努力。結果呢？

張倉源說：「二〇〇八年六月廿四日，我的體重是八十二公斤，檢驗報告都是紅字，但是二〇〇九年六月，我又做了第二次健康檢查，報告上所有的數字都是黑字，表示都在標準值內，我的體重也降到六十七公斤，我完成我的承諾！」

誠如西諺所言：健康的價值，貴重無比。它是人類為了追求它，而唯一值得付出時間、血汗、勞動、財富，甚至付出生命的東西。

董事長是月下老人

不但找回身體健康，他的工作表現，也交出亮眼成績單；二〇〇九年通路業績，做到一千一百八十四萬元，比副董事長張燦文所訂的六百萬業績目標，高出將近一倍。今年更預估，可以衝到兩千二百萬元。

可是這一切亮眼的佳績，對於張永昌這位「父親」來說，還不夠！他開

始關心起他的終身大事，且非常積極的為他介紹對象，製造機會，完全就像是關心自己的兒子一樣。張倉源目前的女朋友，就是在張永昌的撮合之下，兩人開始交往的。

張倉源說：「很慶幸我是跟到這樣的好老闆，對我來說是很重要的一件事情，因為有這樣的好老闆，是可以讓你努力往前衝，沒有後顧之憂！」

在很多企業，對員工而言，董事長、總經理，都是天高皇帝遠，大概只有高級幹部才能見到。要想讓這些高階主管關注與青睞，那可是求之不得的機運。然而在鬍鬚張，董事長、總經理，總是會不經意的「擱來啊」，而且放下身段，與員工沒有界線。

感性領導深贏人心

吳碧霞在新莊店當店長時，印象深刻的是總經理張世杰（當時是副總經理），常常在中午開完會後，就到店裡用餐，因為是尖峰時間，人員忙不過來，也沒有特別招呼，等她想到時回頭一看，「咦？副總呢？」

她還以為副總吃飽先離開了，走進廚房一看，「嚇！就看到副總在廚房

裡，正低頭樂在其中的幫我們洗碗，我們都被嚇一大跳！堂堂一家企業的副總，竟然主動在幫我們洗碗！」吳碧霞感觸良深的說：「鬍鬚張給人很溫暖的感覺，主管對下屬都很照顧，雖然已經企業化，但還是保有攤頭時期，那種濃濃的人情味。」

因為張永昌、張世杰以身作則，鬍鬚張的主管對部屬，店經理對員工，也都能秉持「一家人主義」原則。所以目前就讀稻江商職廣設科二年級的陳玥吟說，在鬍鬚張打工的感覺，就是「同事感情都很好、很熱情，忙的時候會互相支援，不會覺得只是來上班的。」

有人說領導者，不能太感性，容易感情用事，但張永昌的感性領導，卻深深贏得人心。凝聚企業員工，如一個大家庭，互相尊重，彼此依賴，建立良好的溝通狀態，且讓員工，不再只是把工作當作工作，正是吸引優秀人才最大的優勢。

◆鬍鬚張董事長張永昌，以「一家人主義」感性領導全體員工。

留住人才，留住競爭力

企業最重要的資產，是人力資產。人力資產所指的是企業員工，所具有的技能、創造力、解決問題的能力、領導能力、企業管理能力等一切才能。人力資產愈雄厚，企業競爭能力就愈高；相反的，人力的流失，對於企業而言，就是一種損失。

選才育才更要留才

餐飲業是屬於高離職率，和高流動率的產業，因為薪資所得偏低、體力耗費大、工作保障低、且工作時間長而不穩定等因素。

鬍鬚張幕僚副總經理王國政，回想當初以儲備幹部，加入鬍鬚張時的情形。他表示，受訓加下店實習共四個月的時間，真的非常辛苦，除了要學習飯菜肉湯，所有產品標準化的操作流程外；還要學掃廁所、學習應對、學習

帶人，常常忙到凌晨三、四點，還不能下班，所以很多人都待不住，受訓還沒結束，就紛紛離開。

工作辛苦之外，大部分的餐飲管理階層，不重視員工的教育訓練與升遷規劃，讓員工在職期間，無法提升職能，也難以形成忠誠度和敬業精神。加上同業之間的挖角風氣，都是造成人才到處跳槽的原因。

鬍鬚張也難免會遇到同樣的問題。副董張燦文說，幾年前鬍鬚張員工年流動率，大概是百分之一百二十（現在已降至約百分之六十），等於說編制八百個人，一年中補進來後又流失高達九百六十人，員工平均進來，待不到一年就會離開。他比喻此現象，就像口袋裡破了一個大洞，儘管不斷招募新人進來，卻也不斷流失，人員無論如何都補不滿。所以重點不在於多會招募新人，而是把口袋裡的破洞先補起來，把人才留下來，才能改善。

培養人才的龐大成本

很多人會以為員工離職，只要再找一個人遞補就好。張燦文強調：事實上，大多數企業，都小看員工離職時，公司所必須付出的巨大成本。包括招募新

員工的成本、訓練他們的成本、培養工作經驗的成本、剛上線時其他相關業務人員，必須暫停手上工作，也產生了成本。公司花大量資源，發展出來的知識、技術與客戶資料，輕易的被離職員工帶到競爭者手上，更是龐大的成本損失。

擁有人力資源管理專長，前執行董事洪茂春分析，中式餐飲業養成一個人才的成本，又比其他餐飲業更高。「因為中餐的標準作業流程，本來就比西式速食複雜許多，從訓練到上線的時間會比較長，也就是說當別人，培養成三個人力的時候，我們可能只養成一個，投資的成本相當高，如果他工作兩三年之後離開，那成本就更高，把技術帶走、把培養期的薪資也帶走了。所以真正的用人成本，不在於招募多少人，而是流失多少人的損失。」洪茂春說。

為填補口袋裡的破洞，鬍鬚張做很多努力，包括檢討、改善原有制度的缺失，並藉由人才培育及晉升來降低人員流動率。

軍中關懷，揪甘心

鬍鬚張為進行把員工晉升擺在首位，張燦文要求啟動一波又一波的人力資源管理變革，其中有個方案叫做「軍中關懷」專案，這是一個相當特別的留才方案，自二〇〇九年九月啟動以來，已獲得不錯的成效。

此方案的起緣，是因為鬍鬚張有很多男性工作夥伴，不論是工讀生或指導員、店襄理，甚至在店服務的資深夥伴，收到入伍通知時，就會被迫離開。通常因為服兵役而離開的夥伴，在退伍之後，可能再去找其他的工作。

可是對鬍鬚張而言，這些都是好不容易培育出來的人才，如果因為服兵役而流失，十分可惜，所以啟動軍中關懷專案，希望這些夥伴雖然人不在鬍鬚張，但把心留下來。

要如何把心留住呢？店經理會在夥伴入伍之前，舉辦一場歡送會或其他活動，並致贈禮金，祝福他在軍中一切平安。此後，雖然已經停薪留職，但仍視為員工。退伍後，也會再做聯繫，如果他們願意回到鬍鬚張繼續工作，不但年資併計，且於退役一個月內復職的專職舊員，依入伍前薪資晉升兩級

任用。

舉例而言，目前任職於台北東門店的店經理陳信志表示，他店內的指導員趙駿龍，在當兵前服務於鬍鬚張兩年，就是因軍中關懷案，感受到鬍鬚張對好人才的禮遇。退伍後再回來，因深覺鬍鬚張，能提供一個讓自己往上爬的好管道。

駿龍說：「在當兵時有收到公司贈送的董事長自傳《攤頭仔企業家》這本書，我覺得很開心。讀過後更深一層認識，原來鬍鬚張的企業經營理念如此好……快退伍前，大家都會想將來要做什麼？我那時的第一個想法，就是回到我們鬍鬚張，繼續打拚就對了。我很認同在服務手冊，第十二頁第三條所寫的：透過企業目標的達成，來實現個人所追求的目標。」

台安店的指導員張建安也是一樣，「在當兵時收到《攤頭仔企業家》新書，董事長在書裡寫：堅持是成功最短的距離，這句話我覺得很受用。做任何事情就是要堅持，一定會成功。所以退伍後，我沒有第二選擇，直接再回來鬍鬚張發展。」

店經理江連祥說：「效法張董的身教與言教，從事服務業，不只要有熱

情，更要細膩與親切。我把員工當家人，男性員工當弟弟，女生當妹妹。身為主管的我，有保護你、關心你、教育你的責任。就像建安在軍中時，我常跟他講，因為我把你當弟弟，你退伍就回來，我會請你吃飯，他就真的回來。藉由這句話可以了解，鬍鬚張多重視，主管與員工的溫情。也許只是一句關心的話，對員工來說，就是一種感動啊，企業給他們感動，人員自然就會融入。這點我們都覺得鬍鬚張，做得很溫暖。」

落實考核拔擢人才

舉例來說，過去鬍鬚張都是由總公司招募新人，訓練好才分發到各家分店，分發之後可能因為不適應、與門市主管不合，或其他因素而離職，已經訓練好的人才就白白流失。

因為這些人受訓期的薪水，是由總公司教育中心支出，分店不會覺得有所損失；所以張燦文要求自二〇〇九年七月起，鬍鬚張改變做法，新人進來即歸到各分店報到，薪水、所有的培訓費用都由分店支出。如此一來，店經理就會謹慎的去留住人才。這個做法實施後很有成效，人員流失的損失節節下

降。

此外，過去教育中心要負責新進人員的培訓費用，經常會要求不適任的學員退訓，從二〇〇九年起，也改成教育中心只負責教育訓練，沒有權力要人走，決定人員去留權由店經理負責。為什麼要這麼做呢？張燦文回答：「人才不能寧缺勿濫，而是根本不能缺，教育中心是要把『不好的』教到『好』。而且，在沒有找到更好的人才之前，現有的人才就是最好的，不應該讓現有的人離開，如此我們才有辦法愈經營愈好。」

經過幾年的努力，鬍鬚張將人員的年流動率，從百分之一百二十降到百分之百，再降到百分八十，目前則是大約在百分之六十左右，已有相當大的進步。但這樣還不夠，鬍鬚張遂把落實考核、拔擢人才列為各級主管年度計劃的首要之作。

把員工的升遷擺在首位

張燦文在二〇一〇年一月一日「執行長的一封信」上，就將「要把員工的升遷擺在首位」，列為鬍鬚張的新年新希望，他在信上寫：「我們都知道，

培養部屬是鬍鬚張主管最主要的工作之一，若對部屬的表現不滿意，就應更積極的給予再教育，當您還沒找到比他更好的人來替代以前，他就是您僅有的、最好的部屬，絕對不允許再有任何『寧缺勿濫』的不成熟想法。如何幫助員工提升職能積分或通過訓練課程，乃是身為鬍鬚張單位主管責無旁貸的工作。」

張燦文認為訓練現職人員的職能，讓他們晉升，比重新培養一位人員，成本少了許多。

「一位同仁的薪資調整百分之五或百分之十，他就很高興，為什麼要另外花百分之百的薪資，去找一個什麼都不會做的人呢？所以我們會督促每一位主管，從現有同仁裡去找千里馬。」

代代相傳代代湠

在鬍鬚張的《生活加油站》裡，有一句名言：「無論誰，若想經營成功者，一定要有一種識人的眼力，能夠抓住別人的優點與長處，讓他們在那些優點上幫助自己發展前途。」尤其高層管理人員，更應具有識出千里馬的慧

眼，針對這些人予以接班人的培訓，才能夠做到鬍鬚張人才培育目標：「番薯毋驚落土爛，代代相傳代代湠」。

為留住人才為鬍鬚張效力，在員工福利方面，只能增加不能減少，張永昌說：「鬍鬚張的福利制度都是以同理心的觀念去擬定，我把自己也當作是員工，以照顧自己的心去照顧別人，包括薪資、獎勵、勞健保、退休金等，都會替員工著想，這些是成本，但不是負擔，照顧員工本來就是我們的義務和責任。」

所以在其他餐飲業，以不適用勞動基準法為由，沒有為員工規劃勞健保、退休金、加班費、撫卹金，員工必須自行到餐飲公會、區公所去投保時，鬍鬚張卻在一九八八年一月七日主動立案登記，成立投保單位，為員工投保勞健保。而依法在登記之前，員工沒有年資，可是張永昌在公司內部的「員工退休金管理辦法」中，卻明訂員工退休金有年資保留，並且計算退休基數，比勞基法的條款更優惠。

最好的留才策略

張永昌深知，薪水留不住人才，如果同仁只是為了薪水留下來，別人出更高的價碼就能輕易挖角。所以他提供教育管道，鼓勵同仁不斷成長學習、追求自我實現；他提供暢通的升遷管道、多元的獎勵措施，讓同仁能夠發揮各自的特長，從工作中獲得成就感與榮譽感；他也希望提供良好作業環境、完善的福利，讓同仁可以安心工作，無後顧之憂；他相信這才是最好的留才策略。

偉大人物最明顯的標誌，就是他堅強的意志。不管環境變換到何種地步，他的初衷與希望，仍不會有絲毫的改變，而終於克服障礙，以達到期望之目的。

——美國名發明家・愛迪生

人才的搖籃——教育中心

餐飲業是人力密集的產業，儘管科技發達，仍有許多無法用機器取代之處。例如親切的微笑、溫暖的服務。

鬍鬚張董事長張永昌很早就體認到，要經營百年事業，單靠自己的力量是不夠的，他需要一支具有專業與競爭力的優秀團隊。如何打造這支團隊，並且讓它不斷地進步。

做中學，學中做

在成立教育中心之前，鬍鬚張的教育訓練方式，就是「做中學」。當時只有一家店，張永昌開始學著承擔責任，做一店之長，因人手不足，就由人員介紹人員的方式（通常是南部小孩畢業後即上台北），補齊所欠缺的人力。幾乎沒有經過挑選，不論好用不好用都要教導、都要用。怎麼教呢？

張永昌表示，因為每一天都有很多事情要做很忙碌，所以沒有特定的教學時間，只能隨時從工作中教導，一邊做一邊教，或者看到需要改善的地方，就立刻教該怎麼做，不斷的重複、調整、修正，慢慢培養出替代人手，張永昌也才有時間到外面上課，繼續進修。

到了一九八四年鬍鬚張開始登報徵人，不過效果不佳，張永昌更珍惜現有的員工用心教導，同年十月他到麥當勞參觀後，立下開十家分店的大願。他很清楚，這個願望不能只靠家族的人，而需要更多非家族的人力來完成。而且要快速複製技術，也不能再靠口耳相傳的教法，他需要更有效率的做法。

功夫要教得徹底

此時，一位計時人員王香樺，帶來一線曙光。她在畢業後就進到鬍鬚張，後來有一段時間離職到麥當勞，她再回鬍鬚張時，帶回麥當勞的服務經驗，她因此成為鬍鬚張教育訓練的種子講師，也開始第一份的SOP撰寫。

一九八六年六月張永昌聘請副董張燦文加入鬍鬚張，他在看過公司損益

表情況後，提出幾項改革，其中一項就是在門市二樓成立教育中心，引進育傑企管顧問公司，顧問界泰斗曾松齡老師協助建立教育訓練體系，有效培養內部講師，以達到經驗傳承、複製人才的目標。

國內餐飲業很少會有教育中心的設置，由於流動率太高，餐飲業老闆擔心培養好的人才白白流失。鬍鬚張卻以「不因怕人才流失而不教育，這就是企業的社會責任」自勉，不但要教，而且要教得徹底。張永昌說：「我們很希望所有的工作夥伴都能不藏私，『不囥步』（留一手），把專業能力傳承，栽培後繼經營者，讓更多人來幫忙成就彼此。」

因為各種因素，若有未能繼續在鬍鬚張共事者，最少在社會上、在業界、在自己家裡也都是一個夠水準的可用之才，因此，張永昌以「培養同仁職能與工作尊嚴，以保有終生追求幸福的能力」勉勵大家。

張永昌也把培育人才，當作風險管理的一部分。他說：「花無百日紅，人無百日安，再強壯的人也會生病，什麼時候會發生意外？也不知道，這時候就需要代理人、接棒人，讓公司不會因為經營團隊中，任何一個人生病、休息、意外死亡而停擺。每一個職位都需要不斷栽培人才，組織才有持續不斷進步的動力和能量」，「培養人才如種樹，要讓樹長到夠健壯，能開枝散葉，風吹不倒，需要時間，所以培養人才一刻都不能緩」。

教學相長實際參與

鬍鬚張的教育訓練，還有一個特別之處，就是由前執行董事洪茂春協助教育中心主任推動的「體驗式學習」，讓同仁除了靜態的學習、觀摩、訓練之外，也到戶外做體能訓練，磨練員工的身心。

洪茂春表示：「因為同仁平常工作時間長，需要一點外力的刺激，和體能上的增加來促進身心健康，同時藉由一些戶外團隊競賽，還能凝聚團隊向心力、加強夥伴間的連結。」

此外，為讓主管、同仁們清楚明瞭食材從哪裡來？鬍鬚張所提供的食材，是不是真的安全？

教育中心也舉辦類似「尋根之旅」的戶外參訪研習，安排全部的店經理、店副理到供應商或產地參訪。例如「有機稻場之旅」，到苗栗苑裡山水米的故鄉，親自插秧、種稻，體驗一日農夫。亦曾至供應雞肉商品的超秦企

業、供應豬肉商品的雅勝冷凍食品參訪，了解公司產品及相關製程，均有助於所有主管，對於嚴選食材的要求與堅持，希能大幅提升主管們的眼界視野。

每個人都是超級戰將

不論是職前教育、在職教育，鬍鬚張對於培育一位專業人員的用心，不只是為企業營運，也是為個人的成長。

「我是高中畢業，就來鬍鬚張打工，如今我已念完輔仁大學的碩士班。在這裡不只是上班工作，每月領份薪水而已。在鬍鬚張能讓人人盡情發揮所長，在這裡成家立業，我更喜歡鬍鬚張有股奮發向上的學習風潮。包括董事長、總經理都帶頭在職進修，完全符合學海無涯，唯勤是岸，精益求精、好還要更好，百尺竿頭更上一層樓，知識就是力量的精神。」服務年資十七年的營業處協理謝玲娟欣喜表示，在鬍鬚張人人都主動向學，不斷主動學習成長，有好人才是企業進步很重要的助力。

誠如張永昌所說：「技術職能愈高，獲得的掌聲就愈大；專業經驗愈

▲鬍鬚張董事長張永昌（中），率領同仁們至超秦企業參觀雞隻電宰生產線。
▼鬍鬚張同仁至苗栗苑裡山水米有機稻場體驗插秧。

多，就能得到愈多的尊敬，就會有尊嚴。我希望每個人來到鬍鬚張，都能獲得一種專業職能，也就是獲得保障終生追求幸福的能力。天下沒有不散的筵席，將來有些人可能離開台灣，到其他國家去，這個專業可以帶著走，到哪裡都可以用。不會因離開鬍鬚張之後，就不知道將來怎麼辦？事實上，鬍鬚張出去的幹部都會被重用，就是因為我們給他，最紮實的培訓養成，每個人都是不可多得的超級戰將！」

我要扼住命運的咽喉，它妄想使我屈服，這絕對辦不到。生活是這樣美好，活它一千輩子吧！

——樂聖・貝多芬

鬍鬚張快樂頌

「鬍鬚張魯肉飯，街頭巷尾都知道，品質口味服務衛生，經營理念要顧好……」在國家音樂廳錄音室裡，一群穿著正式服裝的男女，在全球知名度最高的交響曲目——貝多芬第九號交響曲〈快樂頌〉，優美旋律伴奏下，正陶醉的引吭高歌。

第九號交響曲是音樂史上的創舉

這群頗富歌唱素養的五十位男女，並不是專業的歌唱家，也不是哪個合唱團成員，讓人詫異的是，他們是來自台灣知名品牌鬍鬚張魯肉飯的主管同仁們，正在錄製公司歌〈鬍鬚張快樂頌〉。

「啊！想不到賣魯肉飯的，還有公司歌哦！而且歌唱得這麼好。」聽過的人都忍不住發出讚賞聲。

「二十四年前我在美國BIOLA大學，參加大女兒的畢業典禮，她念音樂系主修豎琴演奏，在可容納數千人的圓形大禮堂中，我首次聽到一首很好聽的歌曲，幾千人一起大合唱，我看著印刷的英文歌詞，居然立刻跟著唱出聲來，感覺很棒更感動。這就是貝多芬的第九號交響曲〈快樂頌〉。」副董張燦文娓娓道來，快樂頌帶給他無比的震撼！

西元一七九二年，貝多芬在廿二歲時，曾讀過德國詩人席勒詩篇，這是一首熱切盼望人類自由與幸福的詩篇——〈快樂頌〉，貝多芬深受感動，多年來一直想為這首詩譜曲。

西元一八二三年，當時五十二歲的貝多芬已全聾。決定把這首〈快樂頌〉編進第九號交響曲的終曲樂章，在管弦樂中加入聲樂（獨唱，重唱和混聲大合唱），這是音樂史上的創舉。

全球知名度最高的交響曲目

貝多芬寫作這首最後的交響曲時，正值疾病交迫中，兩耳已全聾，胃腸病和黃疸病也同時侵蝕他的健康，雖歷經這些痛苦困擾，他仍能作出這樣雄

鬍鬚張快樂頌
鬍鬚張 魯肉飯 街頭巷尾都知道
鬍鬚張 魯肉飯 傳統速食效率高
品質口味 服務衛生 經營理念 要顧好
接待點菜 上菜收碗 四快要求 應做到
全家大小 男女老少 一起來到 鬍鬚張
相親相愛 樂在工作 攤頭精神 要發揚
你也愛吃 我也愛吃 大家都愛 鬍鬚張
快樂快樂 共享成果 台灣美食 的天堂

▲2005年鬍鬚張同仁練唱公司歌。（左為董事長張永昌）
▼〈鬍鬚張快樂頌〉歌詞。

偉壯麗的快樂之歌，實在令人欽佩。

貝多芬的第九號交響曲，首演於一八二四年五月七日，距離他上一次演奏會相隔十五年之久，距離第八號交響曲完成之時，亦已十二年，一八二四年五月，合唱交響曲在維也納的克倫特納劇院首次公演，因為現場觀眾竟對熱切奔放、振奮人心的第二樂章，欣喜著迷，甚而演出過程被如雷的掌聲中斷兩次。

背對著觀眾的貝多芬幾已耳聾，直到合唱團團員引導他，面對台下如癡如狂忘情鼓掌的觀眾時，他又喜又羞（耳聾被發覺），像遭雷電般目瞪口呆。面對感人的喝采場面，他含淚頻頻鞠躬答禮，這首合唱交響曲的偉大，在音樂史上真是前無古人，後無來者。第九號《合唱》交響曲，已經成為全球知名度最高的交響曲目。

以客為尊以人為本

一九八六年張燦文應邀擔任鬍鬚張副董事長，乃選擇節奏威而不重，風格高雅輕快的貝多芬〈快樂頌〉曲目旋律，創作公司歌的歌詞，於是在眾人

的期待下〈鬍鬚張快樂頌〉孕育而生。

由於歌詞能有效傳達公司經營理念、服務四快及使命感，藉由寫實貼切的歌詞及耳熟能詳的歌曲組成公司歌，於公司內外各項慶典、集會傳唱，將企業文化傳承於無形，深得全公司同仁的喜愛。

「為讓大家能更體認快樂頌，我們邀請公司五十位主管，分兩批至長春戲院觀賞《快樂頌》電影，每個人都很感動，深入了解曲風的意義，對唱鬍鬚張快樂頌時更能感動，唱出真感情來。」張燦文說。

董事長張永昌表示，為讓同仁能達到職業歌手的演唱水準，他特別聘請陳志仁老師指揮、謝明潔老師伴奏教唱，從發音至感情的投入，一練再練直到老師認為可以時，才特別到國家音樂廳錄音……

「我們還舉辦鬍鬚張快樂頌比賽，以團隊默契、音量、台風、音色、咬字、儀態等六項為評分標準，第一名獎金五千元，主要是讓公司上下同仁都能朗朗上口。」張永昌強調歌詞是，描寫鬍鬚張企業的理想境界，只要做到經營理念和服務四快，就能創造鬍鬚張同仁的幸福人生。

玉山攻頂歡慶五十週年

當一個人獨處於這些寒林中時，寂靜立即令人感到敬畏與莊嚴。每片樹葉似乎都在說話。

——美國自然學家・約翰・繆爾

「山鍾水聚，育化萬物，這片靈山福地，正是保護我們永世的命脈！」有如龍背在臥，山容壯麗，氣勢雄渾的玉山山塊號稱台灣之屋脊。有傲視東北亞的玉山，中央山脈之最的秀姑巒山，十峻之尊的玉山東峰，南台首嶽的關山及東台第一霸的新康山等。

胸懷玉山不如立足玉山

玉山山塊因歐亞、菲律賓板塊互相擠壓而高隆，主稜脈略呈十字形，南北長而東西短，十字之交點即為玉山主峰，海拔三千九百五十二公尺。日人

據台，以其高過日本富士聖山，故稱為新高山，因而聲名大噪，登山者絡繹於途。

登山步道自塔塔加登山口起，全程約四十五點六公里，均在海拔三千公尺以上，登山者須具備豐富之登山知識、技術及體力、耐力；尤其是玉山主峰高聳雲霄、玉山東峰岩峰陡峭路程遙遠，極富挑戰及冒險性。玉山在國人的心目中成為聖山，紛紛將攀登玉山、立足玉山基點，列為今生宏願之一。

「會有攀登玉山的緣起，是因王品牛排董事長戴勝益先生，曾蒞臨公司對全體主管演講，分享王品人的三百哲學：一生要登百岳、遊百國、吃百店，敢拚、能賺、會玩。藉此，豐富我們的人生。」董事長張永昌說。

齊心追求業界第一

他表示巧的是日本新合作夥伴，佛子園雄谷理事長來台演講，提及二〇一〇年是日本佛子園五十週年紀念，已規劃佛子園主管，攀登富士山及美洲最高峰秘魯五千多公尺的高山做為慶祝。鬍鬚張今年也是五十週年慶，準備攀登玉山慶賀，故當場互相鼓勵、互相邀約、互相期勉。

玉山銀行五股分行經理李中銘，也曾分享銀行取名為「玉山」的由來，提到將來玉山人要登上玉山，才能晉升主管職位。更強化鬍鬚張，要組團登玉山的決心。

鬍鬚張的使命第一條標榜著「以負責任的態度，追求業界第一的地位」，張永昌將玉山攻頂，列為五十週年慶的重點活動。並賦予一級主管任務，使命必達，期望能藉一級主管親身體驗、身先士卒來提倡全員休閒活動，鍛鍊體魄，打造重視健康、享受健康的企業文化，達到事業、家庭和個人健康的時間管理。並藉此檢視一級主管們的健康狀態，體力、耐力、毅力是否足以承擔事業發展之重責大任，同時又能達到培養後繼經營者之功效，實是公私兩利的好措施。

互助合作團隊致勝

這項神聖使命——玉山攻頂，已分別於二〇一〇年四月三日和六日，以及六月三日，共有二十二位鬍鬚張同仁達成，每一位隊員對第一次成功攻頂，自是欣喜若狂。已是第二次攻頂的張永昌感受更深。他感動的說：「登頂沒有獎盃，只有情義相挺的感動；獨木難撐大局，每個人都很重要，過程中全體隊員同舟共濟、合作無間、互相打氣、互相扶持、共患難、不離不棄，最後全隊隊員都完全登頂成功，展現出上下一條心的凝聚力，這是玉山行最大的意義。」

此次鬍鬚張登山隊成功攀登玉山，大夥除了感動之外，人人均有深刻感受與啟示（見附錄）。因沒有人能獨行，唯有互助合作，團隊才能致勝。「在台灣，外食產業市場規模不大，在有限的市場上，真正的競爭對手應該是自己。如果這是一場龜兔賽跑，就算是烏龜，也應該和自己比；無論市場再怎麼小、競爭再怎麼激烈，只要我們能爭氣，自然有我們立足之地。」此為大夥的共識。

附錄：

＊玉山——頂天立地的頂點、繼往開來的起點。有為者當若是。（王國政副總）

＊登上玉山是鬍鬚張五十週年慶既定的目標，是無論如何都要完成的，

登上玉山對我個人而言，是學習在艱難困頓的環境中該如何自處。（張倉源副理）

＊有些事現在不做，一輩子都不會做了，持續熱血吧！（李東興店經理）

＊玉山若非親臨，實無法用言語深入描述山景的美麗、壯闊，感謝公司的安排及各位夥伴，一路上的鼓勵與相互扶持，讓我們都能順利登上玉山。玉山的景色是不會變的，永遠都在等著我們，有機會我還是會再上去。（協理張嘉壁特助）

＊一步一腳印，艱鉅如經營。步步細思量，危機即轉機。（陳美玲經理）

＊行萬里路，勝讀萬卷書。心胸要寬廣，嘗試登玉山，體力、耐力及毅力，是成功必備條件。Go! Go! Go!（李大圳協理）

＊玉山攻頂只是個目標，目標再困難只要堅定意志力，想方設法克服困難，因為困難是一時，只要堅持下去，目標一定會達成。（張世杰總經理）

＊隨著海拔的攀升，腎上腺素跟著狂飆，享受這淋漓痛快超越體能極限的挑戰！全體隊友我引以為榮！玉山，等你喔！（許素珍執行董事）

◀奮起湖飯店第二代傳人林金坤（左），是張永昌學習的榜樣。
▶2010年4月5日鬍鬚張10名團員，同心協力的在3402公尺排雲山莊前合影。
▼2010年4月6日早上6點10分，鬍鬚張團隊同心協力成功登上3952公尺玉山峰頂。

＊青春會隨著年齡增長而消逝，但回憶將因熱血作為而精采！（林振益主任）

＊堅持是成功最短的距離，安全是攻頂唯一的路！（前執行董事洪茂春）

＊團隊的合作加上堅定的毅力，任何困難都可以克服。（向文章副總）

＊「I will come again；我將再來」要記得，登上頂點巔峰後，隨即跟著的是下山！人生旅途，起起落落，隨著心境的改變，謙遜執著，迎風邁步；再創高峰！（四月三日登頂、六月三日再次登頂的韓德安經理）

＊二〇一〇年六月三日，由品牌部經理韓德安帶隊，玉山登頂成功名單如下：營業處協理謝玲娟、副廠長劉傳仁、研發部主任李豪傑、店經理林鴻藝、林朝陽、陳信志、蕭育聖、資訊部課長廖晉良、採購部專員林芸平。

●人生當中有價值的目標有兩個，一是你必須設法得到你想要的東西；另一個是試著享受你已經得到的好東西。

——人際關係大師・卡內基

【跋】

超出你自己的想像

張燦文

個人自從擔任公司執行長的新職務以來，始終記住三個重要的工作原則。其一是：基於八〇／二〇原則，應集中注意力於緊要的事情上，尤其重視接棒經營者的培養，力求以有限的時間穩固經營的根基。其二是：相信所有我想得到的答案，都可以在公司裡面找到；只要找現有幹部或員工談談就可以知道，根本不必外求。其三則是：雖面對國際金融海嘯危機，相信以現有人力、物力、財力，只要每個單位都能貫徹計劃經營，說寫做一致，必能以內部士氣戰勝外部的不景氣。

二〇〇九年的公司經營仍然異常艱困，除了外在經濟衰退因素，又由於中、西速食業與超商店的競價，再加上七月份同業炸油事件的影響，使得便當銷售量大幅滑落。於是我們重建第四季各店、各區的經營計劃，精簡組

織，接著再提出年度經營計劃及五年經營大綱。十二月一日起，提前推出五十九元六百卡的健康便當，作為五十週年慶之起步（只有百元便當的二分之一大小），實際上等於把一個便當拆做兩個，合起來售價一一八元，但更有競爭力，利潤也大幅增加。接著推出三分之二大小的七十九元系列（實際換算，也等於是一一八元）招牌便當及九十九元系列超值便當。二〇一〇年一月四日起，並推出「每週一星」便當減五元促銷活動，三月一日再推出八十九元系列懷舊火車便當，三月六日又推出五十五元歡樂兒童餐，六月一日另推出七十九元礦坑焢肉便當，均大為暢銷。此外，配合五十週年慶，每月選一或二店推出魯肉飯十元優惠價，回饋顧客促銷活動，以及二〇〇九年十二月一日永和樂華店，及二〇一〇年四月十九日，三重自強店的新展店加入營業，乃使得來客數與業績較去年度大幅提升，逐漸受到顧客歡迎，證明只要物超所值，顧客光靠著口碑、口耳相傳就不請自來了。

在過去，所有同仁或許都認為，我們沒有能力跨足兒童餐飲市場，因為那全屬於西式速食業的天下，甚至沒有人願意嘗試一下，不認為自己足以與麥當勞匹敵似的，但是為配合五十週年慶，今年三月六日起我們推出五十五

歡樂兒童
餐新上市
好康活動
1 公仔認證：99年6月30日前攜帶拼裝完成之「點頭公仔」，至門市蓋章認證，內場消費即可免費兌換「歡樂兒童餐」1份(不含贈品；每隻公仔限兌換1次)。
2 公仔家族：攜帶認證過之「點頭公仔」，99年6月30日前內場消費「鮮嫩雞塊」可享半價優惠(每隻公仔每次消費，限加購1份)。
3 鬍鬚張寶貝夜：99年4月份的每個星期二下午四點到晚上八點，凡國小六年級以下學童攜帶「點頭公仔」至門市內場消費，立即贈送「鮮嫩雞塊」1份。
隨餐附贈
「點頭公仔」1隻
還有多項好康活動等您來兌換
特價
55
原價$70元
www.fmsc.com.tw 本圖片僅供參考，以實際產品為主 客服專線：0800-281-499

元歡樂兒童餐，並配合紙卡公仔自製之促銷活動，且自四月六日起每週二晚上推出「寶貝兒童夜」，只要你帶著孩子一起來用晚餐，就可以免費享用一份鮮嫩雞塊，還能額外獲贈氣球。突然之間，週二晚間的業績不再受彩券開獎影響，營業額上升到與其他週日的業績不相上下。可見事在人為，只要我們持續培養兒童顧客，將來一定可以使我們的來客越來越年輕化，為公司培養未來的顧客。

去年下半年起，為了配合今年的鬍鬚張創業五十週年慶，我們重建企業文化，此外，並在華航五十週年慶紀念會上，宣佈機場VIP室，提供貴賓食用鬍鬚張魯肉飯的服務；而且為了早日實現「賣魯肉飯賣到全世界都知道」的企業願景，自二〇一〇年七月一日起，在華航飛往美西國際航線，首先供應鬍鬚張魯肉飯機上餐，是最令我們自豪的一件事。自今年度起，我們更重視獎勵和表揚績優同仁，在表揚中除了金錢獎勵外也增添歡樂氣氛，希望創造歡樂與趣味，以提升每位同事的活力。經驗告訴我們，通常做不好的只是事，而不是人不好。因此，請不要嫌棄部屬，因為只有習慣於讓手下覺得自己很棒，才是一個成功經營者真正擁有的資產。如果組織內每個人都能認知

自我的角色，互相補位支援，竭盡心力去達成自己所自訂的目標，那麼發揮出來的總體績效，必定優於一個個、個人表現的加總。

為了五十週年慶，我們要求所有主管人員提早上班，也就是「快人半拍」；開會準時結束，絕不拖延。我們認為主管的熱忱，不過是讓同事上緊發條，而這僅是扭轉企業經營頹勢的第一步；接下來，就是以身作則，每月一日以執行長名義E-mail給所有主管同仁，告訴大家當月份的經營對策重點，我們用這個方法來維持團隊的能量，讓各級主管人員每個月的工作衝勁能夠持續不竭。我們發現讓所有人都能瞭解並共同參與，才是經營成敗的重要關鍵，因此每個月結算後立刻分別召開部門月會，報告經營的成果。我們創立許多表揚獎項來激勵士氣，而這也形成了新企業文化的一項特點。讓大家體會到只要有突出的工作表現，獲得讚賞和激勵是可期待的。每次看到同仁們受獎時臉上自豪的表情，就可以看出來他們是多麼的深受感動。如今，獎勵和表揚與晉升員工，已成為高階主管的首要工作，有時候精神上的獎勵甚至比金錢獎勵，還來得重要與有效許多。更重要的是，肯定與表揚同事，創造歡樂的氣氛，可締造出讓員工每天樂於工作的企業文化，這樣做確實能提高員工

士氣，導致更佳的工作表現。對好的工作表現表示感謝將會使員工產生力量。

二〇一〇年元旦，也是鬍鬚張五十週年慶的第一天，我提出：「新年新希望」與所有主管幹部共勉，希望各單位繼十二月份達目標之後，再達成元月份目標來慶祝鬍鬚張公司五十週年的來臨，同時把員工的升遷擺在首位；還希望透過顧客的口碑相傳，使年間業績成長百分之十五以上。

二月一日提出：「再接再厲」，希望二月份再接再厲，連續三個月超越公司的邊際貢獻目標，並使年間日來客數增加百分之三十以上。

三月一日提出：「利潤加倍」與大家共勉！由於新式便當的開發成功，及內場產品質量的改善，預期年間業績成長百分之二十二點五，便當日銷量年間成長百分之五十三，努力使三月份利潤，達預定目標加倍以上。

四月一日更大膽提出：「半年利潤大於去年全年」的期望，希望四月份繼續突破五度五關，使得連續五個月合計的利潤，能超越去年全年的利潤。主要努力方向是使四月份內、外場日來客數均較三月份成長百分之十，結果雖只成長百分之七，但仍然使連續五個月的邊際貢獻，合計超出去年全年度，跌破了許多專家的眼鏡。

◆鬍鬚張精製的端午「粽神禮盒」，深受消費大眾喜愛。

五月一日提出：創造「六連勝」紀錄，期勉大家，由於連續五個月的利潤已超出去年全年，故要求五月份的日來客數努力提升較四月份成長百分之五，實際上雖只成長百分之三點六八，但比去年五月份年間日來客數已成長百分之五十，因此，使得半年的利潤超越去年全年，甚至超越前年全年的數字，完全達到「利潤加倍」之經營成果。

六月一日提出：幸運的「七連勝」（Lucky Seven!）與大家共勉，希望六月份的日來客數，較五月份再成長百分之五，相信必然可以繼續創造邊際貢獻為目標加倍之成果。

回顧這半年來，從去年十二月份廿九店中，只有五店達成業績目標，進步到四、五、六月份三十店中，有廿六店皆達成目標，可見已有百分之八十五以上的單位主管，不只是自己計劃、自己執行、自己檢討改進，我們實際上已培育各級主管成為皆能「說、寫、做一致」，幾乎都能貫徹自己所訂的經營目標的當責者，全公司日來客數已不是年間成長百分之五，而是每個月平均幾乎皆較上月成長百分之五以上：

$1.05\times1.05\times1.05\times1.05\times1.05\times1.05\times1.05=140.7\%$

六月份日來客數目標一萬七千人，除以去年六月份日來客數一萬一千兩百五十三人，等於百分之一百五十一。可見我們已能以內部士氣的提升，戰勝外部的經濟不景氣，深值慶賀！感謝大家的努力，謝謝。

欣逢本公司創立五十週年慶，特邀請名作家吳錦珠小姐，將公司經營的秘辛編寫成《鬍鬚張大學》一書，以為紀念，並回饋社會大眾，分享所有愛護鬍鬚張的顧客及朋友們，尚請不吝指教。通常我們閱讀一本書時，只要能從中發現一項足以讓你學習，而且更重要的是還能讓你銘記在心的話語，就已值回票價了。因此，只要這本書能幫助你清楚了解自己、激勵自己，並願意起而追求，也就不枉我們出版這本書所耗費的心力。無論如何，我們衷心希望，有一天你的成就，可以超出你自己的想像。

末了，特別感謝各界賢達、企業先進，百忙中撥冗為鬍鬚張撰寫推薦序；謝謝名作家吳錦珠小姐不眠不休、兢兢業業為本書用心；謝謝洪茂春先生、本書的執行專案秘書林盈岑及書中受訪的各位主管、同仁們，僅代表鬍鬚張致上最深謝意！

（本文作者為鬍鬚張副董事長）

▲定期舉辦名人講座的鬍鬚張，重視員工培訓，視人才為企業之寶。
▼鬍鬚張總經理張世杰（右），高舉右手帶領夥伴，展現如虹士氣。

【附錄】鬍鬚張經典餐品

飯類／魯肉飯

精選項下一臠，以獨特珍貴配方，熬滷六小時以上，香而不膩，入口即化，甚是美味。澆淋在香Q晶亮的白米飯上，成為鬍鬚張的招牌魯肉飯。

Lu Rou Fan（Minced pork stew with rice.）

るうろうふぁん（細切豚肉を煮込んでご飯にかけた「豚肉かけご飯」）

飯類／雞肉飯

採用通過ＣＡＳ認證的合格雞肉廠商所提供的優良肉品，並選取清肉的部分，吃起來不會油膩。加上特製的雞汁及雞油，呈現一碗清爽的雞肉飯，而且好吃又沒有負擔。

Ji Rou Fan（Minced chicken breast withsauceand rice.）

じいろうふぁん（細切雞肉をご飯にかけた「雞肉かけご飯」）

菜類／季節時蔬

精選新鮮蔬菜，現燙而成，再淋上魯肉汁。富含各種營養素、纖維質。

Vegetable（Poached seasonal vegetable with soy sauce.）

えーつぁい（湯がいた青菜）

菜類／美人指（秋葵）

秋葵形似美人指，又極具營養，尤其是裡面的籽和膠質。將秋葵

清洗切蒂後，以川燙方式烹調，再淋上獨家配方醬汁，營養不流失且美味加分。

Okra

びじんゆび（おくら）

小菜類／筍絲魯

以金黃色筍乾，多項佐料烹調，成為爽口開胃的下飯絕佳小菜。

Sun Si Lu（Stewed bamboo shoots with soy sauce.）

すんすーるう（メンマ）

小菜類／嫩豆腐

經大骨湯長時滷製之四角嫩豆腐，搭配精心調製之甜不辣醬，絕對是您佐餐的最佳選擇，健康美味無負擔，超值價格與您共享！

Nen Dou Fu（Bean curds cooked in soup.）

ようどうふ（揚げ豆腐）

肉類／豬腳

鬍鬚張的豬腳注重去腥味與去油膩的功夫，因此豬腳不油不膩，入口即化，皮Q肉嫩，吃得出膠質與肉香，乃鬍鬚張之招牌！

Zhu Jiao（Braised pork's knuckle with soy sauce.）

ずーじゃぶ（豚足）

肉類／蹄膀

蹄膀有富貴象徵，經鬍鬚張特殊滷製，再配上專用沾醬，吃起來肉質香Q，令人回味無窮。

Ti Pang（Braised pork shank withsoysauce.）

てぃぽん（豚足より上のあたりのプリプリ部分です）

肉類／海陸雙拼

蝦捲是精選鮮蝦再加上魚漿及特選配方所製成之內餡，外層再由豆皮包裹而成料豐實在；香腸是精選優質豬肉，經多年測試研發最佳口感之肥瘦比，精心製作而成的蒜味香腸，食之不澀不膩，

且內含蒜頭之豐富咬感，雙重美味絕對讓您無法錯過，嚐鮮要快！

Hai Lu Shuan Gpin（Fried shrimp roll and sausage.）

ハイルウシャンビン（台湾風ソーセージ＆エビの湯葉巻き）

肉類／唐山排骨

採用上選的里肌肉，加上獨家唐山醬精心料理而成，不油不膩，風味特殊，是鬍鬚張眾多產品中，有最多愛好者的品項之一，因此保持著亮眼的銷售成績。

Tangshan Paigu（Fried pork meat from ribs.）

たんしゃんぱぃぐー（台湾カツレツ、パーコー）

湯類／苦瓜排骨湯

苦瓜具有降火之功能，食中苦甘入味，為鬍鬚張最暢銷之湯品。

Ku Gua Pai Gu Tang（Balsam pear and rib with soup.）

くーくわぱいぐーたん（骨付き豚肉と苦瓜のスープ）

湯類／四神湯

由薏仁、蓮子、淮山、當歸，加上獨家精心調配之調味酒、粉嫩的小腸，烹調出健康美味的四神湯，令人垂涎欲滴。

Sz Shen Tang（Pork intestine in soup of four herbs.）

シーシェンタン（ホルモンとハトムギの漢方風スープ）

湯類／龍髓湯（季節性產品）

抽取豬之脊椎骨的骨髓，加以清蒸，湯清味濃補精益氣，深獲老顧客的喜愛。

Lung Suei Tang（Pork spine's marrow and mushroom with soup.）

ろんすぃたん（豚の脊髄のスープ）

湯類／菜頭湯

菜頭的選用方面，精心挑選品質良好的菜頭，湯頭是以大骨熬煮四小時做為湯底，融合菜頭與大骨的菁華，讓整碗湯喝起來順口

濃郁。

Tsai Tou Tang（Turnip soup.）

つぁいとうたん（野菜スープ）

甜點類／銀耳蓮子湯

含珍貴銀耳、蓮子、紅棗、枸杞等天然食材佐以獨特的手法熬煮，其口味相當特殊，乃為鬍鬚張招牌之甜點。

Yin Er Lian Zi Tang（Lotus seeds sweet soup.）

いなるれんずたん（甘い蓮のデザープト）

甜點類／極品仙梅湯

酸甜冰涼的極品仙梅湯，是飯後解渴的最佳選擇。

Ji Pin Xian Mei Tang（Plum Soup.）

スペシャル仙梅スープ（甘酸つぱい梅のドリンク）

便當類／懷舊火車便當

香Q彈牙的白飯淋上鬍鬚張的招牌粹魯，再搭配著蛋香濃郁的鴨蛋、吸飽魯汁的豆干、蒜味的香腸、最下飯的鹹魚、新鮮可口的青菜以及口感實在的排骨，這樣的味道不就是坐火車時所懷念的滋味！

Good-Old-Days Railway Boxed Meal(s)

懐かしの駅弁

便當類／礦坑焢肉便當

這款便當出自於礦工的太太對於先生的愛意，裡面有Q軟香嫩的焢肉，搭配上蛋香濃郁的鴨蛋、超下飯的鹹魚及酸菜、可口的香腸、滷到完全入味的豆干以及現炒的青菜，讓您體驗最簡單的幸福美味。

Miner's braised belly pork meal box

こうこうかくにべんとう

客飯類／歡樂兒童餐

當日現炒的可口青菜搭配營養多多的魯蛋、好吃的香腸、香味四溢的招牌粹魯及小朋友最喜愛的鮮嫩雞塊，便是鬍鬚張全新發售的「歡樂兒童餐」。

Happy Kids' Mial(s)

お子様セット

伴手禮類／粹魯禮盒

精選禁臠肉，以獨特珍貴配方，熬滷六小時以上，香而不膩，入口即化，為鬍鬚張的招牌禮盒，是旅外僑胞、遊子的最愛，送禮自用兩相宜。

Cui Lu Li He（Marinating Flavor Gift Box）

ついるう　りいふー（魯肉飯のタレ贈答用パック）

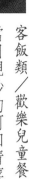

伴手禮類／蔘棗烏雞禮盒

上選五爪烏骨全雞，佐以特選人蔘鬚、枸杞、紅棗等之藥材精燉而成，肉香甜汁甘醇，滋補強身，送禮自用兩相宜。

Sen Zao Wu Ji Li He（**Gift Box of a whole black chicken stewed with dates and ginseng.**）

人参とナツメの烏骨鶏（ウコッケイ）ギフト（赤ナツメ人参ご烏骨鶏（ウコッケイ）を丸ごと煮たギフト）

伴手禮類／蹄膀禮盒

慢火細熬燉三至四小時的前腿蹄膀，搭配鮮嫩的筍絲魯及特調醬汁，皮Q肉嫩，腿庫圓圓，富貴團圓年節必備的佳餚。

Ti Pang Li He（**Gift Box of Pork shank.**）

蹄膀のギフト（ブタのすねから関節の肉のギフトボックス）

國家圖書館出版品預行編目資料

鬍鬚張大學／吳錦珠著
初版. -- 臺北市 ：聯合文學. 2010.07（民99）
256面 ；14.8×21公分. --（繽紛；143）

ISBN 978-957-522-885-9（平裝）
1.餐飲業管理 2.連鎖商店 3.加盟企業

483.8 99010720

繽紛 143

鬍鬚張大學

作　　　者／吳錦珠
發 行 人／張寶琴
總 編 輯／周昭翡
主　　　編／蕭仁豪
主　　　編／林劭璜　王譽潤
資深美編／戴榮芝
校　　　對／吳錦珠　蔡佩錦　林盈岑
文字整理／施佩君
業務部總經理／李文吉
發行助理／林昇儒
財 務 部／趙玉瑩　韋秀英
人事行政組／李懷瑩
版權管理／蕭仁豪
法律顧問／理律法律事務所
陳長文律師、蔣大中律師
出 版 者／聯合文學出版社股份有限公司
地　　　址／（110）臺北市基隆路一段178號10樓
電　　　話／（02）27666759轉5107
傳　　　真／（02）27567914
郵撥帳號／17623526 聯合文學出版社股份有限公司
登 記 證／行政院新聞局局版臺業字第6109號
網　　　址／http://unitas.udngroup.com.tw
E-mail:unitas@udngroup.com.tw
印 刷 廠／瑞豐實業股份有限公司
總 經 銷／聯合發行股份有限公司
地　　　址／（231）新北市新店區寶橋路235巷6弄6號2樓
電　　　話／（02）29178022

出版日期／2010年7月　初版
2024年2月2日　初版十一刷第一次
定　　　價／350元

ISBN 978-957-522-885-9（平裝）